犹太人智慧全书

周 乐 编著

辽海出版社

图书在版编目（CIP）数据

犹太人智慧全书 / 周乐编著 . — 沈阳：辽海出版社，2018.12

ISBN 978-7-5451-5081-0

Ⅰ . ①犹… Ⅱ . ①周… Ⅲ . ①犹太人－人生哲学－通俗读物 Ⅳ . ① B821-49

中国版本图书馆 CIP 数据核字（2018）第 300130 号

犹太人智慧全书

责任编辑：柳海松
责任校对：顾　季
装帧设计：廖　海
开　　本：630mm × 910mm
印　　张：14
字　　数：181 千字
出版时间：2019 年 3 月第 1 版
印刷时间：2019 年 3 月第 1 次印刷

出版者：辽海出版社
印刷者：北京一鑫印务有限责任公司

ISBN 978-7-5451-5081-0　　定　　价：68.00 元

前 言

众所周知，犹太民族是一个苦难深重的民族，在这个民族4000多年的历史中，有2000多年他们没有家园，流离失所。他们遭遇过形形色色的排犹主义者迫害，在二战中，600多万犹太人死于纳粹魔掌之下。然而，这样一个总是在夹缝中求生的民族，却为世界文明做出了巨大的贡献，在经济、科技、思想、文化、教育、服务等各个领域中，他们的地位都举足轻重，涌现出了大批世界级的科学巨匠、思想艺术的大师、顶尖级的政治家、卓越的外交能手、石油王国的巨子、传媒帝国的巨擘、华尔街的天才精英、好莱坞的娱乐大亨，等等。据《福布斯》杂志统计：世界前400名亿万富翁中，有60人是犹太人，占总数的15%；犹太人获诺贝尔奖的人数超过了240人，是世界各民族平均数的28倍；世界十大哲学家中，有8人是犹太人。可以说，犹太人的左手拿着巨额的财富，右手捧着智慧的宝典，屹立于世界民族之林。甚至有人断言：没有犹太人，世界的历史将会重写。犹太人如此卓越的根源究竟在哪里呢？这里就不得不提到犹太民族的三大智慧奇书：《塔木德》《财箴》和《诺未门》。

《塔木德》是犹太民族的一部古老经典，被译成10多种语言在全世界广泛流传。它与《圣经》、柏拉图的《理想国》、亚里士多德的《政治学》，并称为“影响人类文明的四大巨著”。《塔木德》成书于3世纪到5世纪，原典全套20卷，总计12000页，250万字，内容庞杂，卷帙浩繁，大至宗教、经商、律法、民俗、伦理、医学，小到起居、饮食、洗浴、着衣、睡眠等无所不包，凝聚了10个世纪中2000多位犹太学者对自己民族智慧的发掘、思考和提炼，是整个犹太民族的精神支柱和生活方式的导航图，是犹太文明的智慧基因库，也是犹太人经商致富和为人处世的秘籍。人们常说："人类的智慧在犹太人的脑袋里，犹太人的智慧在《塔木德》里。不了解《塔木德》，就不了解犹太人。"今天，《塔木德》被赋予了更多的意义，它不仅是犹太人的精神支柱和行动指南，更被世人看作智慧与金钱合一的象征、经商与为人合一的象征。

相传大约在公元前400年左右，犹太民族的先人留下一本《财箴》，它曾在犹太人中广泛流传，并被奉为掌握理财、创富技巧的宝典。但是自136年，犹太人被罗马人强行驱逐出巴勒斯坦成为难民以后，《财箴》也随之消失了……后来一个名叫科比的犹太富豪出高价担保，拿到了一份珍贵的羊皮卷，并利用高科技手段对文字进行了模拟复原。经过许多犹太专家多方史料的查证，终于确定羊皮卷上的内容正是犹太民族消失了近两千年的那部"如何面对和获取财富的理财圣典"——《财箴》。其后，专家们进一步发现《财箴》的内容很简练，也很精辟，处处显示着犹太式的智慧。

此外，犹太人还有一部专门讲述独特家庭教育方法的典籍，那就是《诺未门》。这部书是犹太人的家教圣经，作为一种培养人才的先进教育理念和完备的教育体系，它已经在世界上流行了3000多年。世界专家们一致认为：犹太人对家庭教育的高度重视，是犹太人获得如此巨大成就的根本原因。重视亲子教育，是犹太民族最为突出的优良传统。犹太民族将知识和智慧视为自己真正能掌握的财富，他们有着宗教般虔诚的求知好学精神，不仅严于律已，而且将学习、生活、做人、经商等各个方面的智慧精华教给他们的孩子。犹太人的教育不但使犹太人精明、富有，而且还使犹太人不管流落于世界任何一个地方，都能如鱼得水般地开创他们的事业。独到的家庭教育造就了无数精英，熔铸了民族之魂，托起了美好希望，这就是犹太民族的成功秘诀。而《诺未门》就是犹太家庭教育的经典，许久以来，它在每一个犹太家庭中流传。

本书对《塔木德》《财箴》和《诺未门》中浩若烟海的智慧进行了归纳和总结，将其分为两个类别：经商智慧和教育智慧，堪称一部有关犹太人智慧的百科全书，全面揭示了犹太人的思维方式、致富策略、处世哲学以及教育方法，书中没有泛泛的理论讲述，而是从头到尾都由引人入胜的有关犹太人的故事所组成，故事所要表达的思想直接、鲜明地体现了犹太人独特的智慧。经过时间的历练和成功的实践，这些智慧已经成为全世界各民族公认的宝贵精神财富，亿万人通过学习这些智慧而从中受益。

目 录

卷一　犹太商人的生意经

卷二　犹太人的教育智慧

卷一

犹太商人的生意经

第一章　赚钱是商人的天职

——犹太商人生意经一：树立起正确的金钱观

金钱是现实的上帝

犹太商人生意经要诀

金钱给人间以光明，金钱给众生以温暖。金钱让说坏话的人舌头发硬，金钱让举起屠刀的人呆立发愣。金钱给神购买了礼物，敲开了神那紧闭的门。（《塔木德》）

钱对犹太人来说，绝不仅止于财富的意义。钱居于生死之间，居于他们生活的中心地位，是他们事业成功的标志。这样的钱必定已具有某种“神圣性”。钱本来就是为应付那些最好不要发生的事件而准备的，钱的存在意味着这些事可以避免发生。所以赚钱、攒钱并不是为了满足直接的需要，而是为了满足对安全的需要！至今在犹太人家庭中还有一种习惯，留给子女的财产至少不应该比自己继承到的财产少。这种心愿代表着犹太人对后辈的祝福。

犹太人的长期流散，使他们不可能鄙视金钱。因为每当形势紧张，他们重新踏上出走之路时，钱是最便于他们携带的东西，也是他们保证自己旅途中生存的最重要物品。

犹太人的寄居地位，也使他们不可能鄙视钱。因为他们原来就是用钱才买下了在一个国家中生存的权利。犹太人缴纳的人头税和其他特别税，名堂之多、税额之重，也是绝无仅有的。“犹太人若非自己在财政方面的效用，早就被消灭殆尽了。”这是犹太人与非犹太人之间为数不多的共识之一。

犹太人在历史上数次惨遭灭国之祸，他们被迫流亡世界各个国家。犹太人要想在当地生存就必须要缴纳各种高额的税金和说不清楚的捐税，甚至他们日常生活中的一举一动都要受制于他们所纳的捐税。信奉同一宗教的人一起祈祷要纳税，结婚要纳税，生孩子要纳税，连给死者举行葬礼也要纳税。假如他们少缴了什么税金，立即就会遭到驱逐和屠杀。

犹太人的四散分布，也使他们不可能鄙视钱。因为钱是他们相互之间彼此救济的最方便的形式。

犹太人的长期经商传统，也使他们不可能鄙视钱。因为尽管钱在别人那里只是媒介和手段，但在商人那里，钱永远是每次商业活动的最终争取目标，也是其成败的最终标准。

犹太人对金钱几乎到了顶礼膜拜的程度。在两千多年的流浪历史中，他们只能在异国他乡寄居生存。他们唯一能掌握的便是通过商业经营而赚来的钱。金钱在这个世界上无疑成了万能的“上帝”。它不但给犹太人生存的机会，而且能为犹太人争得权利和地位。

他们流浪到各地，可以说没有权利、没有地位、没有尊严，但是他们有钱。有了钱，他们就获得了统治者眼里的价值，也就获得了自己生存的条件。只有金钱可以给他们提供一点保护，让他们感觉到安全。当他们遭到各地统治者驱逐的时候，金钱就可以换取别人的收留和保护；当当地人发起反犹暴乱的时候，他们就可以用金钱贿赂而求得一条生路；他们外出做生意的时候遭到土匪的抢劫，钱可以赎回他们的性命。钱是犹太人必不可少的东西。金钱对于犹太人来说，是他们能看得见的、摸得着的、实实在在的“上帝”，是可以永远保护自己，让自己平安的“上帝”。金钱，让世间的权势们都匍匐在他们的脚下，让犹太人真正地能够站立起来，重新获得世人对他们的尊敬。

不论在古代还是现代，金钱在社会中的作用是不可以低估的。犹太人这样说：“富亲戚是近亲戚，穷亲戚是远亲戚。”犹太人的历史一再地验证了这个事实。当他们没有金钱的时候，就处于社会的底层，人们都看不起他们，他们走到哪里都会受到凌辱和压迫。而等到他们有了钱，就可以和贵族平起平坐，让人们对他们钦慕和妒忌不已。

犹太人终于认识到了：在社会中，没有钱的人注定是可怜的人，而要获得尊严和尊敬就必须有钱。

二战后，在驻日本的联合国军某司令部里，犹太士兵总是无端地受到多方的歧视，根本没有尊严可谈。有个叫威尔逊的犹太人，由于他的军衔低微，因此更是受到白人士兵和高级军官们的歧视。大家都看不起他，背地里经常议论他，他也饱尝了人们对他的各种侮辱。但是他拥有犹太人智慧的头脑。一开始他口袋里也没有钱，他就省吃俭用，积攒一小笔钱，然后他就把这笔钱借贷出去。在白人士兵里花钱大手大脚的现象很普遍，他们总是等不到发薪水的时候，就囊中羞涩了。他们看到威尔逊有钱，就迫不及待地向他借。

威尔逊就借钱给他们，同时还要求他们在一个月内还清，且附带高额的利息，但是那些士兵们早就管不了那么多了。威尔逊收到这些利息之后总是继续攒起来再借贷给那些士兵们。对于没有钱可还的人，威尔逊就让他们把他们自己的一些值钱的东西做抵押，然后再高价卖出去。这样，过了不多久，威尔逊就过上了富裕的生活。他还买了两部车和别墅，他变成了士兵里面的“大款”。这些待遇即使是高级军官也未必可以享受得到。那些经常过山穷水尽、灰头土脸日子的白人士兵，对威尔逊趾高气扬的样子再也没有了。他们对威尔逊惊羡不已。

威尔逊用自己的富有为自己赢得了尊严。

金钱不仅仅可以购买尊严，还可以购买你所能想象得到的很多东西，这些东西都和金钱有关系。有了金钱，你就拥有了大家仰慕的生活方式，有了大家对你的恭维和羡慕；你还有了发言的权利，“富有的愚人的话人们会洗耳恭听，而贫穷的智者的箴言却没有人去听”。在今天，金钱已经是成功的标志和人生价值的重要衡量标准，在一些人的眼里甚至已经成为唯一的衡量标准。

犹太人认为金钱是上帝给的礼物，是上帝给人以美好人生的祝福。他们对金钱的热爱不仅仅局限于现实生存的需要，而是一种精神的寄托，更是实现美好人生的必需的手段和工具。

简言之，金钱成为犹太人现实的上帝。

下面来看看金钱这位现实的“上帝”是如何一次又一次地救赎犹太人的。

由于历史和宗教的原因，犹太人的命运始终处于风雨飘摇之中。在遭受异族排挤时，在面临反犹分子的血腥杀戮时，他们不止一次地“请”出了“钱”——这位现实的“上帝”。这时，我们或许能明白犹太商人不惜一切赚钱的真正原因了。对他们来说，赚钱就是为了生存。

在历史上，金钱曾多次充当了犹太人的“保护神”。17 世纪的荷兰是一个典型的资本主义国家。当时，荷兰已经一方面摆脱了西班牙的军事政治统治，另一方面摆脱了宗教的干涉和纷争。工商业尤其是商业发展很快，它的资本总额比当时欧洲其他所有国家的资本总额还要多。

1654 年 9 月，一艘名为“五月花”的航船由巴西抵达荷属北美殖民地的一个小行政区——新阿姆斯特丹。这里属于荷兰西印度公司的前哨阵地。

“五月花”为北美带来了第一个犹太人团体——23 个祖籍为荷兰的犹太人，他们是为了逃避异端审判而来到新阿姆斯特丹的。但当他们筋疲力尽地抵达这里时，出于宗教偏见，当地的行政长官彼得·施托伊弗桑特却不允许他们留在当地，而是要他们继续向前航行，并呈请荷兰西印度公司批准驱逐这些犹太人。

但是，施托伊弗桑特没有想到，当时的荷兰已不是中世纪的荷兰，犹太人也不是毫无权力和任人宰割的。这些新来的犹太人一方面据理力争，一方面设法与荷兰西印度公司中的犹太股东取得了联系。在犹太股东，也就是施托伊弗桑特的“雇主”的有力干预下（荷兰西印度公司对犹太股东的依赖远甚于对施托伊弗桑特的依赖），这个小行政区的行政长官不得不收回成令，准许犹太人留下，但保留了一个条例：犹太人中的穷人不得给行政区或公司增加负担，应由他们自己设法救济。这个条件对犹太人来说毫无意义，因为自大流散以来，犹太人就没有向基督教会乞讨过。他们有足够的能力照顾好自己。这些犹太人就此定居下来，并且建立了北美洲第一个犹太社团。以后，这里发展成了北美洲最大的犹太居住区。

犹太人用钱买生存的例子还有：

埃塞俄比亚犹太人自称“贝塔以色列”，意为“以色列之家”。为了让这些埃塞俄比亚犹太人返回家园，以色列政府在埃塞俄比亚政府不肯放犹太人出境的情况下，设法打通了同埃塞俄比亚毗邻的苏丹的关系，让犹太人先通过边境到达苏丹，然后再由苏丹返回以色列。

而苏丹政府当时是敌视以色列的，为了让其同意以色列接运埃塞俄比亚犹太人，以色列政府采用了赎买的方式。以色列一方面请求美国向苏丹提供高达数亿美元的财政援助，一方面也以差不多 3000 美元一人的费用，向苏丹支付了 6000 万美元的赎金。资金来源于世界各地犹太人的捐款。

这次行动被称为“摩西行动”，共有一万多名犹太人被接回以色列。由于行动是在苏丹政府默许的情况下进行的，不能做得过于公开。在这个关键时刻，以色列政府得到了一个真正的犹太商人、比利时的百万富翁乔治·米特尔曼的大力协助。

米特尔曼拥有一个航空公司——跨欧洲航空公司，其飞行员和机组人员因为每年运送去麦加朝拜者，所以对苏丹首都喀土穆的机场情况非常了解。米特尔曼同意将公司的飞机交由以色列政府自由支配，并对此事保密。

后来，由于运送犹太移民的情报泄露，苏丹通道被关闭了。这样从 1979 年起到 1985 年上半年为止，共有一万多名埃塞俄比亚犹太人回到了以色列，另有一万多名仍滞留在埃塞俄比亚，这意味着，以色列政府为每一个犹太人由苏丹返回，支付了 6000 美元。

以色列以政府名义赎回本国公民。这一行动得到许多犹太巨富的资助和支持。可见，金钱这位现实的“上帝”在犹太人观念中是多么根深蒂固。

就这样，犹太人用金钱铸造了一根魔杖。然而，这根魔杖的无上法力又指向何处呢？钱对于犹太人来说，绝不仅是财富的象征。在他们看来，金钱保证了生存，指挥了政治，推进了慈善。

众所周知，经济是政治的基础，政治反作用于经济。精明的犹太商人早已参透了金钱与权力之间的玄妙。他们以金钱为饵，换来了政治上的发言权，又倚靠着政治资本，在商场上肆意驰骋。

“国会山之王”是美国政治活动家保罗·芬德利在其所著的《美国亲以色列势力内幕》一书第一章的标题，也是他对美国犹太人院外活动组织“美国以色列公共事务委员会”（简称美以委员会）的称呼，从这一称呼中，我们不难看出美国犹太人对美国政府的最高决策层的决定性影响。用该书中的话来说：“美以委员会实际上已有效地控制了国会所有的中东政策行动，这绝非夸大之词。参众两院的议员，几乎无一例外地遵照其旨意行事，因为多数人把美以委员会视为一股政治势力在国会的直接代表。一位议员能否连任，这股势力可以说是握有生杀予夺的大权。”

毫无疑问，这股力量就是美国犹太人的力量。说得更明确些，就是由美国犹太商人的经济权力衍生出来的“政治权力”。美国犹太人虽然占全世界犹太人的40%，但以其600万人口的数量，只占美国总人口的3%，投票人的4%，凭什么“予夺”议员的连任资格？他们凭的就是手中掌握的大量的金钱。

在犹太人的历史上，金钱这东西一直都是他们赖以存活的根本。金钱可以在他们被追杀时买通别人以得到收留；金钱可以在他们被人看不起时买回自己的尊严，得到尊敬……金钱对于犹太人来说是如此的重要。犹太人将其视为现实生活中的上帝也就不难理解了。

金钱无贵贱之分

犹太商人生意经要诀

金钱平等，因此人格平等，于是怀有赚大钱的欲望才好。金钱对于任何人来说，都是平等的，它没有高低贵贱的差别。（《塔木德》）

有一位演讲者在一个公众场合演讲。他拿起了50美元，高举过头顶："看，这是50美元，崭新的50美元。有谁想要？"结果所有的人都举起了手。然后，他把这张纸币在手里揉了揉，纸币变得皱巴巴的了，然后又问观众："现在有人想要这50美元吗？"所有的人举起了手。

他把这张纸币放在地下，用脚狠狠地踩了几下。钱币已经变得又脏又烂了。

他拿起钱来，又问："现在还有人想要吗？"结果还是所有的人都举起了手。于是他说："朋友们，钱在任何的时候都是钱，它不会因为你揉了它，你把它踩烂，它的价值就会有任何的变化。它依然可以在商店里花出去。"

为什么那张钞票在那个演讲者的手里揉皱了，又被他的脚踩脏弄破了，还是有人想要它呢?

因为钞票就是钞票，钞票是没有高低贵贱的。它不会因为受到了什么"待遇"就有所差别。

它还是以前一样的价值，和其他等面值钞票的价值是一样的。只要它们的价值一样，钞票都是平等的。

犹太人就是这样的观念。他们从不以自己做的生意小而自卑，在他们看来，所有的生意都是由小做到大的。那些成天只想干一番大事业，对一些小生意提不起兴趣的人，到头来一事无成。因而在他们的经商历史中，他们从不会喜"大"厌"小"。他们喜欢把"钞票不问出处"这句话挂在嘴上，实际上是在教人们创造和积累财富必须处心积虑，必须巧捕商机，必须妙用手腕。

钱是货币，是一个人拥有物质财富多少的标志，有时候更是一个人社会地位的象征。它本身不存在贵贱问题。犹太人的赚钱观念和我们的传统观念不一样。他们丝毫不认为拉三轮、扛麻袋就低贱，而当老板、做经理就高贵。钱在谁的口袋里都一样是钱，它们不会到了另一个人的口袋里就不是钱了。

因此他们在赚钱的时候，不会觉得金钱是低贱或高贵的。他们不会因为自己目前所从事的职业不好而感到自愧不如。他们在从事所谓的低贱职业的时候，心态也表现得十分平和宁静。

更主要的是由于犹太人对金钱不问出处，这样保证了他们的思想丝毫不受世俗观念的拘束。在他们的眼里，在法律允许的范围内什么生意都可以做，什么钱都可以赚，即使“卖棺材的也可以赚钱”。

正是因为犹太人认识到金钱的性质，所以，犹太商人在进行商业经营时，对于所借助的东西，是不存在一点感情的，只要有利可图，且不违法的事情，拿来用就是了，完全不必过多考虑。

犹太人认为“金钱无姓氏，更无履历表”。他们不像有些国家和民族那样，把钱分为“干净的钱”或“不干净的钱”。他们自信，不管通过什么方式、什么途径，只要是通过自身辛勤劳动合法赚来的钱，都是心安理得的。因此，他们通过千方百计的经营，尽量赚取更多的钱。不管这些钱是农夫出卖了产品得来的，或是赌徒赢来的，还是知识分子以脑力劳动得来的，都是收之无愧，泰然处之。

赚钱有术的犹太人数不胜数，以放债发迹的亚伦就是典型的一例。

这位移居英国的犹太人从打工开始，用积蓄的一点小钱做些小生意。由于生意的扩大，他需要资金周转，不得不向钱庄或银行借钱。他在自己的实践中发觉，向别人借钱的代价确实太高，往往与商业经营获得的利润相差无几。他想，自己辛辛苦苦经营全为银行打工，而且风险比银行还大，倒不如自己从事放债业务合算。几年后，他开始了放债业务。他一边维持小生意经营，一边抽出部分资本贷给急需用钱的人。另外，他又从银行贷来利率相对较低的钱，以较高的利率转贷给别人，从中赚取差额利润。有些等钱应急的生产者或个人，宁愿以月息 20%借贷，这样，等于 100 元放贷 1 年，可获得 240%的回报率，这比投资做买卖更能赚钱。亚伦正是盯着这个赚钱的路子，才迅速走上发迹之路的。亚伦 63 岁逝世时，留下的钱财在当时英国是首屈一指的。

犹太人的经商活动，有一个看似简单却很难做到的特点，他们对顾客总是一视同仁，且不带一丝成见。在犹太人看来，因为成见而坏了可以赚钱的生意，简直是太不值得了。

要想赚钱，就得打破既有的成见，这是犹太人经商得出的训示。就像金钱没有肮脏和干净之分似的，犹太人对赚钱的对象也是不加区分的。只要能赚钱，达成生意协议，能从你的手中得到钱，就可以做。

犹太人的观念中，除了犹太人外，不管是英国人、德国人、法国人或意大利人等，一律被称之为外国人。为了赚钱，不管你是哪一国的人，主张何种主义，信仰何种宗教，都是他们交易的对象。他们绝对不会因为对方是异教徒或者是黑人而放弃一笔能赚钱的生意。

犹太人散居世界各地，但是他们都自视为同胞。无论是住在华盛顿、莫斯科，或伦敦等地，犹太人之间都经常保持密切的联系。例如，住在美国的一位犹太人名叫合利·威尔斯顿的钻石商人，他联合全世界的犹太钻石商组成一个庞大的集团与其他国的人做生意。又如居住在瑞士的犹太人，最能利用中立国的特性，同时联络美国的犹太人和俄国的犹太人来从事国际性的交易。在犹太人的脑海里，没有意识形态之分。为了各自共同的目的，他们可以紧密地联系在一起，共同对付外人。在进行贸易往来时，无论你是美国人还是俄国人，无论你是西欧人还是非洲人，只要你和他的这笔交易能给他带来利润率，他就可以和你交易。因此，如果有人对他们与苏联商人做生意而指责他们时，犹太人会疑惑不解地歪着头反问："和俄国人做生意有什么不好呢？"他们的目的就是赚钱，他们所信奉的就是做生意，获得最大的利益。哈默就是突出的代表。在苏联刚刚成立时，世界上的资本家都不敢涉足这个国家，只有这个犹太人"胆大包天"，与苏联做生意发了大财。他也由此起步，成了20世纪世界历史上最富传奇色彩的商人。

要赚钱，就不要顾虑太多，不能被原来的传统习惯和观念所束缚。要敢于打破旧传统，接受新观念。试想一下，如果因为和对方的思想意识不同，自己在原来成见的作用下，主动放弃了一次赚大钱的机会，岂不是太可惜，太不值得了！我们知道，金钱是没有国籍的，所以，赚钱就不应当区分国籍，为自己设置赚钱的种种限制。聪明的犹太人很早就认识到这点，所以他们很团结，结合在一起共同赚外国人的钱，这就是他们成功的原因所在！

由于特殊的历史原因，犹太人失去了家园，长期流浪于世界各地。国籍意识对于犹太人来说是不存在的，犹太人从不看重这个政治概念，他们只看重是否有可靠的生意伙伴。犹太人与俄国人做生意，也与美国人做生意，卢布是钱，美元也是钱。所以对于生意而言，国籍和政治不是最重要的，它们只是提醒人们做生意要采取不同的方式和方法而已。

犹太人认为金钱是没有性质的，所谓的性质是人自己主观强加给金钱的。如果说金钱在恶人手里就是罪恶的，那么让善良的人把它赚回来就可以是善的了。犹太人认为，主观区分钱的性质是件荒唐的事，那样做不但浪费时间，而且又束缚思想。

现金至上

犹太商人生意经要诀

手头没钱就是穷人。（《塔木德》）

有一家犹太人的小餐馆的墙壁上贴着一首歌谣：“我喜欢你，你要借钱，我不能不借，怕借了你便不再上门。”说白了，就是“现金交易，恕不赊欠”。然而其言语却说得很婉转。

其实，这小餐馆的一杯酒才几块钱，却为何要绞尽脑汁，编出这样的歌谣来拒绝顾客的赊欠呢？答案很明显，如果小餐馆允许顾客赊欠，其中的利息势必自己承担。换言之，自己所得利润必然被这部分利息所侵蚀。再者，小本经营的生意，如果赊欠太多，必将影响餐馆的资金周转，甚至使酒店陷入困境。从这首歌谣中，可以看出餐馆主人如何煞费苦心了。

再来看一则笑话：有一位犹太人，临终之际，把所有的亲戚朋友都叫到了床前，对他们嘱托后事，说道：“请将我的财产全部换成现金，用这些钱去买一床最高档的毛毯和一张最昂贵的床，然后把余下的钱放在我的枕头底下。等我死了，再把这些钱放进我的坟墓，我要带着这些钱到那个世界去。”

亲友们按照他的安排，买来了毛毯和床。这位富翁躺在豪华的床上，盖着柔和的毛毯，摸着枕边的现金，安详地闭上了眼睛。

遵照富翁的遗嘱，死者留下的那一笔现金和他的遗体一块，被放进了棺材。

这时，死者的一位老朋友前来向他的遗体告别。当他听说死者的财产都换成了现金并已随死者的遗体一块被放入了棺材时，立即从衣袋里掏出了支票和笔，飞快地签上金额，撕下支票，放入棺材。同时，又从棺材中取出现金，并轻轻地拍着死者的脑门，说道：

“老朋友，金额与现金相同，你会满意的。”

这则笑话说明了犹太人对现金的偏爱。

在现实生活中，犹太商人中也不乏痴爱现金的。19世纪的南非首富之一、犹太钻石商巴奈·巴纳特就说：“始终和现金或现金之类的东西打交道，喜欢钻石、金镑和纸币。”这位富翁从来不喜欢那些称为“股票”的纸类的玩意儿。

还有一位英国犹太富商，欧洲第三大食品生产和经营集团卡文哈姆公司的老板詹姆斯·戈德文密斯爵士也特别迷恋现钞，他有这样的怪癖：他在卖东西时，一般都要求别人支付现金，但是在买别人的东西时，他尽量地用股票支付或者用长期赊购的方式。

犹太人之所以奉行彻底的现金主义，一方面是因为他们在大流散中可以随身携带现金逃跑，另一方面是因为他们对任何人都不放心，一旦将商品赊出去，拿不回钱来怎么办？如果马上要逃跑，岂不要白白损失？所以，唯有现金是安全、可靠和永恒的。

动荡的生活环境，决定了犹太人在财产选择上与众不同。他们通常是持有现金，或把钱换成黄金或钻石，固定财产几乎是零。

聪明的犹太人不会去购买土地营建价值连城的别墅，尤其在战乱的年代，一看政治风向不对，他们就马上席卷家产而逃，只有随身携带的财产是他们逃难时的生活依靠。有了它们，任何天灾人祸他们都不会担心。现金就是他们生活的保障，因此犹太人对现金的偏爱程度是无以复加的。

彻底采取现金主义，是犹太人的商法之一。这在日常生活及交往中表现得特别明显。与他国商人打交道时，他们心中想的是："那个人今天究竟带了多少现款？"更令人惊讶的是他们对公司的评价："今天那个公司，换成现款，究竟值多少？"总的来说，他们关心的是现金，脑子中除了现金，没有其他的货币形式。他们力求把一切东西都"现金化"。

犹太人这一"保守"的观念，决定了他们的商品交易力求现金交易。纵然交易的对方，在一年后确能变成亿万富翁，也难保证他明天不发生意外。人、社会及自然，每天都在变，只有现金是不变的。这是犹太人的信念，也是犹太教的"神意"。

银行存款，短期内的确可以获得一大笔利息，但是物价在存款生息期间不断上涨，货币价值随之下降，尤其是存款者本人死亡时，还必须向国家缴纳继承税。所以，无论多么巨大的财产，存放在银行，相传三代，都将会变成零。这就是税法上的原则。

现款确实不增值，但物价上涨对其影响不大，而且最关键的是手持现款，避免了在银行的财产登记，在财产继承时，不需要向国家缴纳遗产继承税。所以，手持现款时，财产既不增多，也不减少。

银行存款和现金相比，当然是现金最可靠，既不获利也不亏损。小心谨慎的犹太人自然在二者择一的条件下选择了后者。因为对犹太人来说，"不减少"正是"不亏损"的最基本做法。想借助银行存款求得利息，是不太可能获得利润的。对钱财的保管，从古至今，每个国家的人们都有自己的一系列办法。中国在银行出现以前，人们为了生命和财产安全，通常把金银元宝埋藏在秘密的地方，只有自己或家人知道。在当时保险措施不健全、技术落后的时代，算是一种比较安全的现款保藏法。当前，也有一些人，不太信任银行，仍旧用原始方法保存现款。这种方法存在许多弊端。

首先，人们拥有的现款大多数是纸币。纸币易受损坏，一旦发生意外事故如失火等，将损失惨重。

其次，巨款在身，对生命也构成威胁。

现款是不能随便放置的，它需要一个安全的“藏身”之地。

犹太人不把现款存入银行，那么家缠万贯的犹太人到底怎样保护现款，他们难道不担心它们的安全吗？如果每天都把现款携带在身，当然不可能，也是不安全的。他们已经为现款找到安全之处——银行，不是存款于银行，而是把现款放在银行的保险柜里。

日本具有“银座的犹太人”之称的藤田，在访问美国服饰用品商、犹太人狄蒙德先生时，曾参观了他的现款保险柜。狄蒙德先生领他到银行地下室放置保险柜的昏暗地方，打开了装满现款的保险柜。藤田十分惊讶地发现保险柜里装着现行的各种纸币，也有五六年前的各种旧币，还有金块，约合日币达二三十亿元。如此巨大的财产，狄蒙德先生却十分放心地置放于此。因为银行是个极其安全的地方，有一流的安全防卫措施，专门的防卫人员，把现款放于此，当然可以高枕无忧了。

赚钱天经地义

犹太商人生意经要诀

金钱既非可诅咒亦非罪恶，而是造福人类的东西。(《塔木德》)

对于钱，犹太人既没有敬之如神，又没有恶之如鬼，更没有既想要钱又羞于碰钱的尴尬心理。对于犹太人来说钱干干净净、平平常常。赚钱大大方方、堂堂正正。

一位无神论者来看拉比。

“您好！拉比。”无神论者说。

“您好！”拉比回礼。

无神论者拿出一个金币给他。拉比二话没说装进了口袋里。

“毫无疑问你想让我帮你做一些事情，”他说，“也许你的妻子不孕，你想让我帮她祈祷。”

“不是，拉比，我还没结婚。”无神论者回答。

于是他又给了拉比一个金币。拉比也二话没说又装进了口袋。“但是你一定有些事情想问我，”他说，“也许你犯下了罪行，希望上帝能开脱你。”

“不是，拉比，我没有犯过任何罪行。”无神论者回答。

他又一次给拉比一个金币，拉比二话没说又一次装进了口袋。

“也许你的生意不好，希望我为你祈福？”拉比期待地问。

“不是，拉比，我今年是个丰收年。”无神论者回答。

他又给了拉比一个金币。

“那你到底想让我干什么？”拉比迷惑地问。

“什么都不干！”无神论者回答，“我只是想看看一个人什么都不干，光拿钱能撑多长时间！”

“钱就是钱,不是别的。”拉比回答说,“我拿着钱就像拿着一张纸、一块石头一样。”

由于对钱保持一种平常心，甚至把它视为一块石头、一张纸，犹太人才不会把它视若鬼神，也不把它分为干净或肮脏。在他们心中钱就是钱，一件平常的物品。因此他们孜孜以求地去获取它，当失去它的时候，也不痛不欲生。正是这种平常之心，犹太人在惊涛骇浪的商海中驰骋自如，临乱不慌，取得了稳操胜券的效果。

视钱为平常物，是犹太人经商智慧之一。

犹太人认为赚钱天经地义，是最自然不过的事。如果能赚到的钱不赚，那简直就是对钱犯了罪，要遭上帝惩罚。

犹太人中间流传着这样一个笑话：

一个拉比、一个神父、一个牧师，坐在同一辆火车上。他们在一起谈论着各自的教徒和天命。

牧师说，他总是在办公室的地板上画个小圈，然后把募捐盘里的钱币拿出来抛向空中。“恰好落在小圈里的是给上帝的，剩下的是给我的。”神父说他也是这样做的。拉比说：“我所做的与你们略有不同——我把钱扔向空中，上帝能接到多少就拿多少——剩下的就是给我自己的。”

对于金钱，犹太人是大大方方地视钱如命的——哪怕是像拉比这样的神职人员。在他们的心目中，“伟人”就是既富有又具有生活情趣的人。即使你是大名鼎鼎的学者，但一贫如洗，犹太人也是绝对看不起的。犹太人最讨厌贫穷。他们认为，贫穷就是耻辱，就是罪恶。所以，犹太民族也被称为“钱的民族”，他们对金钱有着“准神圣”的膜拜，善于赚钱同信仰宗教一样构成了犹太民族醒目的标志。

从犹太谚语中，我们不难看出犹太人对于金钱的特殊情感：

“有钱未必美满幸福，没钱却是百事悲哀。”

“金钱既非可诅咒亦非罪恶，而是造福人类的东西。”

“金钱虽是缺乏慈悲的主人，但却能成为有用的仆役。”

“金钱提供机会。”

“金钱对人而言，无非就像衣服于人一般。”

中国人在赚钱的时候，往往特别注意钱的出处。规规矩矩地工作所赚的工资是干净的钱。然而，犹太人的看法却是大不相同的。

在犹太人的眼中，钱是没有区别的。他们想的是——既然是钱，我就可以去赚。只要是钱，管它是什么样的钱。在他们的观念中，金钱既不是罪恶也不应被诅咒，而是一种对人类的祝福。金钱能为人们提供各种机会。金钱能带给好人好东西，带给坏人坏东西。可以说，犹太人是典型的拜金主义者。这与犹太人的历史过程有相当大的关系。自从罗马帝国占领犹太人的地域后，犹太人就被逐出祖国，流浪在世界各地，饱受迫害和杀戮。他们没有自己的国家，更谈不上主权。政治权力靠不住，只有金钱，才是他们生存的唯一依靠。钱对他们来说，是一种自卫的武器。因为他们有了钱，就在一定程度上能控制许多人，例如放高利贷者对贷高利贷者的控制。总之，对犹太人来说只有金钱才能给他们带来快乐及其他，他们可用金钱对付歧视，用金钱买回快乐。几千年来流浪异国他乡的生活，使他们形成了这种金钱观。

对犹太人来说，第一重要的事就是赚钱。他们关心的是如何大把大把地把钱往自己的口袋里装，而从来不会在乎这钱是从哪儿来的。只要能赚钱，他们是不会放过机会的，即使在军队中服役的犹太人，也是不会放弃赚钱时机，而巧妙地把军营作为放高利贷的场所，收取高额利率。富冠全欧的罗斯柴尔德家族，这个财团的始祖麦耶·阿姆约尔，原本是奥本海门下的一个学徒，摇身一变成为具有强大实力的古董商。他在拿破仑时代，趁欧洲动荡不安时期巧妙地运用手腕，深谋远虑地运用资金与情报，积累了令人咋舌的财富。他积累财富的过程是不择手段的过程。如果他当时不那么做，也就不会有今日的欧洲首富之称了。

总之，犹太人认为金钱没有什么好坏。钱不是万能的，但是没有钱是万万不能的。在这方面，犹太人非常现实。他们赚钱的目的是为了生存，赚钱是求得生存的手段。当他们将金钱放进钱包的时候，自然不会考虑金钱的来源。这种金钱观，为犹太人赚钱减少了障碍，开辟了不少的财源。

大财团希尔斯正是犹太商人的杰出代表，他的始祖名为迈耶·希尔斯，少年时在另一个成功的犹太商贾处当学徒。后来自立门户经营古董商店，以贵族巨贾为推销对象。在18世纪后半期至19世纪的动乱期间，因善于应变和经营，获得了巨大的盈利。他的经商手法可以说是犹太商人的典范。

犹太人嗜钱如命，为了赚钱，他们绞尽脑汁，用尽各种办法。

有一个这样的故事：

加利是位犹太人，他曾为一个贫穷的犹太教区写信给伦贝格市一位有钱的煤商，请他为了慈善的目的赠送几车皮煤来。

商人回信说：“我们不会给你们白送东西。不过我们可以半价卖给你们50车皮煤。”

该教区表示同意先要25车皮煤。交货3个月后，他们既没付钱也不再买了。

不久，煤商寄出一封措辞强硬的催款书。没几天，他收到了加利的回信：

“您的催款书我们无法理解。您答应卖给我们50车皮煤，减掉一半，25车皮煤正好等于您减去的价钱。这25车皮煤我们要了，那25车皮煤我们不要了。”

煤商愤怒不已，但又无可奈何。他在高呼上当的同时，却又不得不佩服加利的聪明。

在这其中，加利既没耍无赖，又没搞骗术，他们仅仅利用这个口头协议的不确定性，就气定神闲地坐在家里等人“送”来了25车皮煤。

这就是犹太人的赚钱高招。

犹太人在对工作的选择方面也不同于他人。如果当一个体面的白领所领的工资还没有自己做一份不怎么起眼的小本生意拿的多，那么他们一定会毫无疑问地去选择那份虽不体面但利润颇多的小本生意。

富凯尔就在日本见过这样的一件事情，并且他个人也相当赞同那个人的做法：

富凯尔在一个小摊子上吃了一碗枸杞汤。由于闲着无事，就和摊主聊了起来。这时他才发现，原来摊主以前是一个专攻化学的大学生，而且曾在某公司任化学技师。

富凯尔感到有些不解，通过谈话他才真正明白。

这位技师感觉自己不过是像机器中的一个小螺丝钉一样任人摆布，觉得毫无趣味，便毅然提出辞职，自由自在地摆起了小摊。

他这样做有的人会认为不理智。当技师多体面呀，非要把自己弄得小商贩一样，这不是让家人在朋友面前很不体面吗？

是的，有很多人都这样认为，但是你看看作为犹太人的富凯尔是怎么看待的吧。他认为，人不可真的为了面子而“打肿脸充胖子”，不然会吃很多不必要的苦头，而自己却不知醒悟。犹如那位卖枸杞的人，当技师虽然够体面，但月薪才10万日元，生活方面并不像表现出来的那样体面，反而是相当拮据的。他能清楚地认识到自己的处境，自己要面临的人生，于是他毫不犹豫地改了行。而且自从他自己摆小摊子以后，每月平均可挣到30万日元，生活得到大大的改善，太太和子女们在朋友面前反而更有面子了。

犹太人一向把金钱当作世俗的上帝，他们认为，在这个世界上除了上帝之外，就只有金钱最值得人尊敬和重视。

在《塔木德》中，有许多关于金钱的格言：

“《圣经》放射光明，金钱散发温暖。”

“伤害人们的东西有三：烦恼、争吵、空钱包，其中以空钱包为最。”

“一旦钱币叮当响，坏话便停止。”

“用钱去敲门，没有不开的。”

“身体依心而生存，心则依靠钱包而生存。”

“钱不是罪恶，也不是诅咒，它在祝福着人们。”

“钱会给予我们向神购买礼物的机会。”

犹太人爱钱，但从来不隐瞒自己爱钱的天性。所以世人在指责其嗜钱如命、贪婪成性的同时，又深深折服于犹太人在钱面前的坦荡无邪。只要认为是可行的赚钱方法，犹太人就一定要赚，赚钱天然合理，赚回钱才算真聪明。这就是犹太人的经商智慧的高超之处。

赚钱是游戏

犹太商人生意经要诀

金钱不神圣，不是高不可攀的圣物。（《塔木德》）

犹太人对钱持一种平常心。他们认为金钱同衣服一样，不过是一件有用的物品而已。

有许多犹太大亨，他们手中掌握着数以百万、千万，甚至亿万的财富的时候，他们感觉手里拿的不过就是一堆纸张而已，并不觉得这就是可以时刻给人带来祸福安危的东西。如果他们把金钱看得很重，就不敢再那样心不跳、气不喘地赚钱了。

要想赚钱，就绝对不能给自己增加心理负担，而是应该从容地、冷静地对待。对金钱不感兴趣自然赚不到钱，然而倘若把金钱看得太重也就给自己背负了沉重的包袱。

犹太人注重金钱，认为金钱是现实中万能的上帝。金钱在他们眼中显得无比的神圣，但是在赚取金钱的时候，他们已经把金钱当作是一种十分普通的东西，就和纸张、石头一样，丝毫不觉得金钱有烫手的感觉。

犹太人只把金钱当作是一种很好玩的物品。它在刺激着每一个人的神经去高度地投入它，人们投入资金的时候就是投入了一次次危险的但是有趣的游戏中。如果不是把赚钱当作游戏，而是看作一项沉重的工作，甚至是在拿命运做赌注的时候，心理的压力会十分强大，以至于人们不敢去冒风险。

犹太人这样形容自己：在赚钱的时候你就进入了一个游戏的世界。作为游戏的参与者，你要不停地和对手进行较量和角逐。你要采用一切办法和手段来胜过其他的人，你要超越所有的人才可以赢得最后的胜利。

著名的金融家摩根就是这样的赚钱观念，即绝不让赚钱变成一种沉重的负担，而是一种新鲜刺激的游戏。他认为只有以这样游戏的心态去赚取金钱，才是最佳的赚钱心态。

摩根赚钱甚至达到痴迷的程度。他一直有一个习惯，每当黄昏的时候，他就到小报摊上买一份载有股市收盘的当地晚报回家阅读。当他的朋友都在忙着怎样娱乐的时候，他则说："有些人热衷于研究棒球或者足球的时候，我却喜欢研究怎么赚钱。"

在谈到投资的时候，他总是说："玩扑克的时候，你应当认真观察每一位玩者，你会看出一位冤大头。如果看不出，那这个冤大头就是你。"

他从来不乱花钱去做自己不喜欢的事情。他总是琢磨怎么赚钱的办法。有的同事开玩笑说："摩根你已经是百万富翁了，感觉滋味如何？"摩根的回答让人玩味："凡是我想要的东西而又可以用钱买到的时候，我都能买到。至于其他人所梦想的东西，比如名车、名画、豪宅我都不为所动，因为我不想得到。"

他并不是一个为金钱而生活的人，他甚至不需要金钱来装饰他的生活。他喜欢的仅仅是游戏的感觉，那种一次次投入资金，又一次次地通过自己的智慧把钱赚回来的感觉，充满了风险和艰辛，但是也颇为刺激。他喜欢的就是刺激。摩根说："金钱对我来说并不重要，而赚钱的过程，即不断地接受挑战才是乐趣，不是要钱，而是赚钱，看着钱滚钱才是有意义的。”

视钱为平常物，视赚钱为游戏，这就是犹太商人的高明之处。唯有如此，才成就了那么多的犹太大亨。

别把硬币不当钱

犹太商人生意经要诀

别想一下就造出大海，必须先由小河川开始。（《塔木德》）

两个年轻人一同寻找工作，一个是英国人，一个是犹太人。

一枚硬币躺在地上，英国青年看也不看地走了过去。犹太青年却激动地将它捡起来。英国青年对犹太青年的举动露出鄙夷之色：一枚硬币也捡，真没出息！犹太青年望着远去的英国青年心生感慨：让钱白白地从身边溜走，真没出息！

两个人同时走进一家公司。公司很小，工作很累，工资也低，英国青年不屑一顾地走了，而犹太青年却高兴地留了下来。

两年后，两人在街上相遇。犹太青年已成了老板，而英国青年还在寻找工作。英国青年对此迷惑不解，说：“你这么没出息的人怎么能这么快地‘发’了？”

犹太青年说：“因为我没有像你那样绅士般地从一枚硬币上迈过去。你连一枚硬币都不要，怎么会发大财呢？”

也许这个英国青年并非不要钱，可他眼睛盯着的是大钱而不是小钱，所以他的钱总在明天。但是，没有小钱就不会有大钱，你不懂得从小钱积起，那么财富就永远不会降临到你的头上。

老子曾说过：“合抱之木，生于毫末。九层之台，起于累土。”这句话的意思是：任何事情的成功都是由小而大逐渐积累的。积累财富也如用土筑台一样，需要许许多多的小钱作铺垫，方能成为大富翁。

“不积跬步，无以至千里；不积细流，无以成江海。”这是中国圣贤的名训。虽然《塔木德》的故事是流传于国外的经典之作，但其积少成多、集腋成裘的哲理和中国的圣贤名训是息息相通的。上例中两个人在面对一枚硬币的取舍时，英国人以他的绅士作风选择了藐视，最终一无所获；而精明的犹太人却不放过任何一个积累财富的机会，终于成为大富翁。

犹太人告诉我们，金钱也跟人一样，你尊重它们，它们就不会亏待你；你忽略它们，它们就会从你的身边溜走。在人生的旅途中，不要忽视任何一次机会，也不要轻视任何一分钱。说不定哪一天正是那一次机会、那一分钱使你步入了辉煌。

拉链，可谓是很细小的物品，好像并没有厚利可图，但是日本的吉田忠雄却是靠着小小的拉链而成就了自己的大业。他没有小看拉链的商机，他垄断了小小的拉链市场。40 多年来，吉田忠雄一手创办的吉田兴业会社发展十分迅速，它已成为日本首屈一指的拉链制造公司，在世界同行业中也名列前茅。它生产的拉链，占日本拉链总产量的 90%，占世界拉链总量的 35%，它每年生产的拉链总长度达 190 万公里，年销售额高达 20 多亿美元。由一条小小的拉链起家，吉田忠雄被誉为“拉链大王”。最终，吉田已同丰田、索尼等名字一样，成为发达的日本工业的代名词。

财富的积累离不开金钱的积累，这是《塔木德》告诉我们的真理。而要积累金钱，还得掌握金钱的特性，因为钱是喜欢“群居”的东西，当它们处于分散的状态时，也许没有什么威力；但当它们由少成多地聚集起来时，成千上万的金币就会发挥巨大的力量。另外，金钱还有这么一个特性，就是你越尊重它，它便越拥护你；你越藐视它，它便越避开你。“塔木德箴言”启示我们，要想积累财富，首先就得掌握金钱的特性，不要放过身边的每一个小钱。

看看一位犹太人是如何积累财富的：

犹太人亚凯德转向一位自称卖蛋的节俭人说：“假使你每天早上收进 10 个蛋放到蛋篮里，每天晚上你从蛋篮里取出 9 个蛋，其结果是如何呢？”

“时间久了，蛋篮就要满溢啦。”

“这是什么道理？”

“因为我每天放进的蛋数比取出的蛋数多一个呀。”

“好啦，”亚凯德继续说，“现在我向你介绍发财的一个秘诀，你们要照我说的去做。因为你把10块钱收进钱包里，但你只取出9块钱作为费用，这表示你的钱包已经开始膨胀。当你觉得手中钱包重量增加时，你的心中一定有满足感。”

“不要以为我说得太简单而嘲笑我，发财秘诀往往都很简单。开始，我的钱包也是空的，无法满足我的发财欲望，不过，当我开始放进10块钱只取出9块花用的时候，我的空钱包便开始膨胀。我想，各位如果如法炮制，各位的空钱包自然也会膨胀了。”

它的道理很简单。事实是这样的：当你的支出不超过全部收入90%时，你就觉得生活过得很不错，不像以前那样穷困，不久，觉得赚钱也比往日容易。能保守而且只花费全部收入的一部分的人，就很容易赚得金钱；反过来说，花尽钱包存款的人，他的钱包永远都是空空的。

在生意人的这个圈子里，有一个所谓9∶1法则，那就是当你收入10块钱时，你最多只花费9元，让那一元“遗忘”在钱包里，无论何时何地，永不破例，哪怕只收入1块，你也保证冻结1/10。这是白手起家的第一法则。

别小看这一法则，它可以使你的钱包由空虚变充实。其意义并不仅仅在于攒几个钱，它可以使你形成一个把未来与金钱统一成一个整体的观念，使你养成积蓄的习惯，刺激你获取财富的欲望，激发你对美好未来的追求。从一个方面来看，当你的投资进入最后阶段时，这最后的一块钱往往能起到决定性的作用。

做生意切勿因利小而不为。这是因为做生意的目的是赚钱。只要有钱赚，不分多少。俗语说“积少成多”“集腋成裘”“聚沙成塔”。世界上许多富商巨贾，也是从小商小贩做起的。例如，美国的亿万富翁沃尔顿，是经营零售业起家的；鼎鼎有名的麦克唐纳公司，是经营小小汉堡包发财的；世界华人首富李嘉诚，开始的时候也是做小小塑花的生意。

在经营项目及数量上，也要注意“勿以利小而不为”。这是因为，看起来似乎是微不足道的小商品、小买卖（例如小百货、小杂货之类），可是它能吸引顾客，使你的事业兴旺发达。

有个犹太小商人居住在美国佛罗里达州。他注意到家务繁重的母亲们总是急急忙忙去买纸尿片，因此他想到建立一个“打电话送尿片”的公司为那些忙碌的妈妈们减轻负担。

是不是很多人认为这个小商人太没有志气了，居然送尿片，还送货上门。这种本小利薄的生意，傻子才会去做。

事实上，这个商人不仅是想，而且付诸于实际的行动。他雇用全美国最廉价的劳动力和最廉价的交通工具。后来他把送尿片服务扩展为兼送婴儿药物、玩具和各种婴儿用品、食品，随叫随送，只是在商品价格上面多收了15%。最终他的生意越来越旺。

犹太商人的成功并不是起点很高，并不是一开始就想着要做大生意，赚大钱。他们懂得，凡事要从细小的地方入手，一步一步进行，财富的雪球才会越滚越大。

凡事从小做起，从零开始，慢慢进行，不要小看那些不起眼的事物。这一道理从古至今永不衰竭，被许多犹太成功人士演练了无数次。

有个叫哈罗德的犹太青年，开始只是经营一个小型餐饮店的商人。他看到麦当劳里面每天人山人海的场面，就感叹那里面所隐藏的巨大的商业利润。他想，如果自己可以代理经营麦当劳，那利润一定是极可观的。

他马上行动，找到麦当劳总部的负责人，说明自己想代理麦当劳的意图。但是负责人的话却给哈罗德出了一个难题——麦当劳的代理需要200万美元的资金才可以。而哈罗德并没有足够的金钱去代理，而且相差甚远。

但是，哈罗德并没有因此而放弃，他决定每个月都给自己存1000美元。于是每到月初的1号，他都把自己赚取的钱存入银行。为了害怕自己花掉手里的钱，他总是先把1000美元存入银行，再考虑自己的经营费用和日常生活的开销。无论发生什么样的事情，都一直坚持这样做。

6年！哈罗德为了自己当初的计划，整整坚持不懈存了6年。

由于他总是在同一个时间——每个月的1号去存钱，连银行里面的服务小姐都认识了他，并为他的坚韧所感动！现在的哈罗德手中有了7.2万美元，是他长期努力的结果。但是与200万美元来讲仍然是远远不够的。

麦当劳负责人知道了这些。终于被哈罗德的不懈精神感动了，当即决定把麦当劳的代理全部交给哈罗德。就这样，哈罗德开始迈向成功之路，而且在以后的日子里不断向新的领域发展，成为一代巨富。

如果，哈罗德没有坚持每个月为自己存入1000美元，就不会有7.2万美元了。如果当初只想着自己手中的钱太微不足道，不足以成就大事业，那么他永远只能是一个默默无闻的小商人。为了让自己心中的种子发芽，哈罗德从1000美元开始慢慢充实自己的口袋，而且长达6年之久，终于感动了负责人，也开始了他自己的富裕人生。万丈高楼平地起，你不要认为为了一分钱与别人讨价还价是一件丑事，也不要认为小商小贩没什么出息。金钱需要一分一厘地积攒，而人生经验也需要一点一滴地积累。在你成为富翁的那一天，你已成了一位人生经验十分丰富的人。

看紧你的钱包

犹太商人生意经要诀

对钱财必须具有爱惜之情，它才会聚集到你身边。你越尊重它，珍惜它，它越心甘情愿地跑进你的口袋。（《塔木德》）

“紧紧地看住你的钱包，不要让你的金钱随意地出去，不要怕别人说你吝啬。你的钱每花出去一分都要有两分钱利润的时候，才可以花出去。”犹太巨富洛克菲勒是这个信条虔诚的遵守者。

洛克菲勒早年在一家大石油公司做焊接工，任务是焊接装石油的巨大油桶。他细心地发现每焊接一个油桶要掉落的铁渣每次不多不少正好是509滴，他想要焊接那摞得像山一样的油桶要浪费多少焊条呀！于是他改进了焊接的工艺和焊接的方法，让每次滴落的铁渣正好是508滴，仅此一项改进，这家大石油公司全年的节约资金是5.7亿之多！洛克菲勒本人也因此获得了一次极佳的晋升机会。

努力挣钱是开源，设法省钱是节流。巨大的财富需要努力才能追求得到，同时也需要杜绝漏洞才能积聚。

洛克菲勒成为亿万富翁以后，他的经营管理也是以精于节约为特点的。他给部下的要求是提炼一加仑原油的成本要计算到小数点后的第三位。每天早上他一上班，就要求公司各部门将一份有关成本和利润的报表送上来。多年的商业经验让他熟稔了经理们报上来的成本开支、销售以及损益等各项数字。他常常能从中发现问题，并且以此指标考核每个部门的工作。1879年的一天，他质问一个炼油厂的经理："为什么你们提炼一加仑原油要花19.8492美元，而东部的一个炼油厂干同样的工作却只要19.849美元？"这正如后人对他的评价，洛克菲勒是统计分析、成本会计和单位计价的一名先驱，是今天大企业的"一块拱顶石"。

到了老年时期，有一天，他向他的秘书借了5美分。当洛克菲勒给秘书还钱的时候，秘书不好意思要，洛克菲勒当即大怒："记住，5美分是一美元一年的利息！"由此可见他对于金钱的节俭和计算真是到了极致。

犹太人的用钱原则就是只把钱用在该用的地方。他们认为不该用的地方，是一块钱也不会花出去的。《塔木德》上说："对钱财必须具有爱惜之情，它才会聚集到你身边，你越尊重它，珍惜它，它越心甘情愿地跑进你的口袋。"

犹太人特别是犹太商人不管多么富有，绝不会随意挥霍钱财。在宴请宾客时，以吃饱吃好为尚，不会讲排场乱开支；在生活中，以积蓄钱财为尚，不会用光吃光。犹太人测算过，依照世界的标准利率来算，如果一个人每天储蓄1美元，88年后可以得到100万美元。这88年时间虽然长了一点，但每天储蓄2美元，大都在实行了10年、20年后很容易就可以达到100万美元。可见对金钱除了爱之外，还要惜。也就是说，除了想发财外，还要想办法保护已有的钱财。这就是犹太人经营致富的一个奥秘。犹太富商亚凯德说："犹太人普遍遵守的发财原则，那就是不要让自己的支出超过自己的收入。如果支出超过收入便是不正常的现象，更谈不上发财致富了。"

犹太人有句格言这样说："花 1 美元，就要发挥 1 美元 100% 的功效。"要把支出降到最低点。

很多犹太人老板，对任何的开支都精打细算，为的就是尽量地降低成本，减少费用。他们总是说："要把一块钱当作两块钱来使用。如果在一个地方错用了一块钱，并不就是损失一块钱，而是花了两块钱。"

悉尼奥运会上曾经举办过一个以"世界传媒和奥运报道"为主题的新闻发布会。在座的有世界各地传媒大亨和记者数百人。

就在新闻发布会进行之中，人们发现坐在前排的炙手可热的美国传媒巨头 NBC 副总裁麦卡锡突然蹲下身子，钻到了桌子底下。他好像在寻找什么。大家目瞪口呆，不知道这位大亨为什么会在大庭广众之下做出如此有损自己形象的事情。

不一会儿，他从桌下钻出来，手中拿着一支雪茄。他扬扬手中的雪茄说："对不起，我到桌下寻找雪茄。因为我的母亲告诉我，应该爱护自己的每一个美分。"

麦卡锡是一个亿万富翁，有难以计数的金钱，他可以买到一切可以用钱买到的东西，一支雪茄对于他来说简直微不足道。如果照他的身份，应该不理睬这根掉到地上的雪茄，或是从烟盒里再取一支，但麦卡锡却给了我们第三种令人意料不到的答案。

《塔木德》说："金钱容易引发意外。任何人对待金钱都要谨慎，否则就要损失金钱。先要学会看管少数金钱，然后才可以管理更多金钱。这是最聪明的提防金钱损失的办法。"

洛克菲勒习惯到他熟悉的一家餐厅用餐，用餐后往往会付给服务员 15 美分的小费。但是有一天，他用餐后却不知为何原因，仅付了 5 美分的小费。

服务员见比往常小费少，不禁埋怨说："如果我像您那么有钱的话，我绝不会吝惜那10美分的。”

洛克菲勒却毫不生气，笑着说：“这也就是你为何一辈子当服务员的缘故。”洛克菲勒还有一种习惯就是记总账。每天晚上祷告之前，总要把每便士的钱花到哪儿去了弄个一清二楚，然后才上床睡觉。

犹太人的这一节俭作风甚至为一些日本商人所仿效：

如果你到日立公司的日立工厂去，哪怕是酷暑，办公室却没有冷气设备。这是因为，日立的厂房很高，安装冷气太浪费。厂房不安装，办公室也不能特殊，职工都强忍着。办公室里，用不着的电灯就一定要熄灭。日立的职工讲究时间效率，日立的大瓮工厂有一条标语——“1分钟在日立应看成8万分钟”。意思是一个人浪费1分钟，日立8万职工就要浪费8万分钟。

日立的经理人员“惜量如金”。公司绘制了“代号一览表”，将各机构、各负责人的代号告诉职工。如“吉田博总经理先生”只用日语读音的第一个字母代替就行了。如果你在文件上加敬语。就会受到训斥。

除此之外，日立人还充分利用废旧物品。凡是写便条，都要取用过的纸，即使送给大人物的文件也往往是写在废纸的反面。所用的信封，第一次写信时，收信人写在第一行。第二次使用时，收信人写在第二行。

松下公司的创始人松下幸之助曾告诉人们：要爱金钱。这句话说得一针见血。如果不爱金钱，就抓不住财富。只有爱钱，财富才会逐日增加——钱怎么会躲在不爱钱的人的手中呢？因此，与其对钱“欲说还休”，倒不如像犹太人一样，将钱爱得明明白白、真真切切。

《塔木德》上写着：“有4种尺度可以用来测量人，那便是金钱、醇酒、女人以及对于时间的态度。这4种尺度标准有其共同之处——它们都有吸引人的地方，但是却不可以沉迷于其中。”

犹太人很吝啬吗？并非如此，他们只是不付没有道理的钱。犹太人认为这是他们自己的绝大的优点，是重视金钱的表现。

看紧自己的钱包，爱钱的同时也要惜钱。珍惜自己的每一分钱，这一原则已贯彻到犹太人生活的方方面面，甚至内化到他们的思想观念中。

有钱不置半年闲

犹太商人生意经要诀

上帝把钱作为礼物送给我们，目的在于让我们购买这世间的快乐，而不让我们攒起来还给他。（《塔木德》）

犹太人的观念里面，与其把钱放在银行里面睡觉，靠利息来补贴生活费，养成一种依赖性而失去了冒险奋斗的精神，不如活用这些钱，将其拿出来投资更具利益的项目。

要想捕捉金钱，收获财富，使钱生钱，就得学会让死钱变活钱。千万不可把钱闲置起来，当作古董一样收藏，而要让死钱变活，就得学会用积蓄去投资，使钱像羊群一样，不断地繁殖和增多。

犹太人经商有个共同特点，即采取彻底的现金主义。

犹太富商凯尔的，资产有上亿美元，然而他却很少把钱存进银行，而是将大部分现金放在自己的保险库。

一次，一位在银行有几百万存款的日本商人向他请教这一令他疑惑不解的问题。

“凯尔先生，对我来说，如果没有储蓄，生活等于失去了保障。你有那么多钱，却不存进银行，为什么呢？”

“认为储蓄是生活上的安全保障，储蓄的钱越多，则在心理上的安全保障程度越高，如此积累下去，永远没有满足的一天。这样，岂不是把有用的钱全部束之高阁，使自己赚大钱的机会减少了，并且自己的经商才能也无从发挥了吗？你再想想，哪有省吃俭用一辈子，光靠利息而成为世界上知名富翁的？”凯尔不慌不忙地答道。

日本商人虽然无法反驳，但心里总觉得有点不服气，便反问道："你的意思是反对储蓄了？"

"当然不是彻头彻尾的反对。"凯尔解释道，"我反对的是，把储蓄当成嗜好，而忘记了等钱储蓄到一定时候把它提出来，再活用这些钱，使它能赚到远比银行利息多得多的钱。我还反对银行里的钱越存越多时，便靠利息来补贴生活费。这就养成了依赖性而失去了商人必有的冒险精神。"

凯尔的话很有道理，金钱只有进入流通领域，才能发挥它的作用。因为，躺在银行里的钱，对于自己来说，几乎和废纸没什么区别。

犹太人经商，很重要的秘方是不把钱放在银行变成存款。在18世纪中期以前，犹太人热衷于放贷业务，就是把自己的钱放贷出去，从中赚取高利。到了19世纪后，直至现在，犹太人宁愿把自己的钱用于高回报率的投资或买卖，也不肯把钱存入银行。

犹太人这种不让钱成为存款的秘诀，是一门资金管理科学。它说明做生意要合理地使用资金，千方百计地加快资金周转的速度，减少利息的支出，使商品单位利润和总额利润都得到增加。

做生意总得要有本钱，但本钱总是有限的，连世界首富也只不过百亿美元左右。但一个企业，哪怕是一般企业，一年也可做几十亿美元，如果是大企业，一年要做几百亿美元的生意，而企业本身的资本，只不过几亿或几十亿美元。他们靠的是资金的不断滚动周转，把营业额做大。

在犹太人眼里，衡量一个人是否具有经商智慧，关键看其能否靠不断滚动周转的有限资金把营业额做大。

犹太人普利策出生于匈牙利，17岁时到美国谋生。开始时，他在美国军队服役，退伍后开始探索创业路子。经过反复观察和考虑后，他决定从报业着手。

为了搞到资本，他靠自己打工积累的资金赚钱。为了从实践中摸索经验，他到圣路易斯的一家报社，向该老板求一份记者工作。开始老板对他不屑一顾，拒绝了他的请求。但经过普利策反复自我介绍和请求，老板勉强答应留下他当记者，但有个条件，半薪试用一年后再商定去留。

普利策为了实现自己的目标，忍耐老板的剥削，并全身心地投入到工作之中。他勤于采访，认真学习和了解报馆的各环节工作，晚间不断地学习写作及法律知识。他写的文章和报道不但生动、真实，而且法律性强，吸引了广大读者。面对普利策创造的巨大利润，老板高兴地吸收他为正式工，第二年还提升他为编辑。普利策也开始有点积蓄。

通过几年的打工，普利策对报社的运营情况了如指掌。于是他用自己仅有的积蓄买下一间濒临歇业的报馆，开始创办自己的报纸——《圣路易斯邮报快讯报》。

普利策自办报纸后，资本严重不足，但他很快就渡过了难关。19 世纪末，美国经济开始迅速发展，很多企业为了加强竞争，不惜投入巨资搞宣传广告。普利策盯着这个焦点，把自己的报纸办成以经济信息为主的报纸，加强广告部，承接多种多样的广告。就这样，他利用客户预交的广告费使自己有资金正常出版发行报纸。他的报纸发行量越多广告也越多，他的资金进入良性循环。即使在最初几年，他每年的利润也超过 15 万美元。没过几年，他成为美国报业的巨头。

普利策开始分文没有，靠打工挣的半薪，然后以节衣缩食省下极有限的钱，一刻不闲置地滚动起来，发挥更大作用，是一位做无本生意而成功的典型。这就是犹太人“有钱不置半年闲”的体现，是成功经商的诀窍。

美国著名的通用汽车制造公司的高级专家赫特曾说过这样一段耐人寻味的话：“在私人公司里，追求利润并不是主要目的，重要的是如何把手中的钱用活。”

对这个道理，许多善于理财的小公司老板都明白，但却没有真正地利用。往往一到公司略有盈余，他们便开始胆怯，不敢再像创业那样敢做敢说，总怕到手的钱因投资失败又飞了，赶快存到银行，以备做应急之用。虽然确保资金的安全乃是人们心中合理的想法，但是在当今飞速发展、竞争激烈的经济形势下，钱应该用来扩大投资，使钱变成“活”钱，来获得更高的利益。这些线完全可以用来购置房产铺面，以增加自己的固定资产，到 10

年以后回头再看，会感觉到比存银行要增很多利，同时真正明白“活”钱的威力。

商业活动是不断增值的过程，所以要让钱不停地滚动起来，犹太人的经营原则是：没有的时候就借，等你有钱了就可以还了，不敢借钱是永远不会发财的。攒钱只会让人变得越来越贫穷，因为连他的思维也贫穷了；赚钱会让人富有起来，因为这是一个富人的思维。

攒钱是成不了富翁的，只有赚钱才能赚成富翁，这是一个普通的道理。并不是说攒钱是错误的，关键的问题是一味地攒钱，花钱的时候，就会极其吝啬，这会让你获得贫穷的思想，让你永远也没有发财的机会。

有句话说：“人往高处走，水往低处流。”还有句话说：“花钱如流水。”金钱确实流动如水。它永远在不停地运动周转流通，在这些过程中，财富就产生了。像过去那些土财主一样，把银子装在坛子里埋在房基下面，过一万年还是只有这么多银子，丝毫也没有增值。

第二章　做一个令人刮目相看的商人

——犹太商人生意经二：练就一身超人的本领

亮出你的个性

犹太商人生意经要诀

我讨厌模仿，如果你要成功，你应该朝着新的道路前进，不要跟随被踩烂的成功之路。（《塔木德》）

没有个性，人家就会忘却你。个性化的策略、个性化的产品、个性化的管理，都是十分让人注意的东西。

《塔木德》是这样规定的："不要把一种产品和其他产品混合，但为了提高品质，可以把度数高的葡萄酒倒入度数低的葡萄酒里。"看来，注重商品的品质，不仅是现在，早在远古时期，犹太人就意识到了。他们说，同一种作物会因为产地的不同、管理的差异而在品质上有所差别。因此，应对不同产地的同种作物进行区别，对各类商品进行分门别类，这样买卖才可以获得好的价格。

可口可乐公司是美国饮食文化的象征，在全球可谓家喻户晓，它的商标价值已达400亿美元，但这家公司曾经差一点因放弃"个性"而夭折。

1886年11月15日上午，因饮酒过量而头痛的威尔克斯先生受"彭氏健身饮料可治头痛"的宣传，来到阿萨·坎德勒的药店，提出喝一杯彭氏健身饮料。店员一时疏忽，把配制彭氏健身饮料的原浆掺到了苏打水里，没想到威尔克斯喝完顿觉神清气爽，可口可乐由此诞生。

1888年，已经购买可口可乐配方全部股权的坎德勒不再用原浆（含有可卡因、咖啡因的可可叶和可可果提炼品，并加入若干油类物品），加净水配制药用饮料，从此专心经营可口可乐。

后来，可口可乐公司一度更改可口可乐的配方，以迎合想象中的大众口味，结果没得到市场认可，公司业务一落千丈，濒临倒闭。

关键时刻，该公司只好沿用原先的饮料配方，以其怪怪的味道再一次赢得了大众的青睐。

在这个竞争日益激烈的时代，唯有创新才能生存，才能在市场竞争中站稳脚跟，才能战胜对手。否则，企业就会停滞不前，甚至亏损破产。在这一点上，犹太人是最有发言权的，他们总是出人意料、标新立异，在竞争中凭借新奇手段以其鲜明的个性击败对手。

犹太人做人做事往往很注重持有自己的个性和特点。在世界各民族中，犹太人是最有特色的，他们之所以与众不同，就是因为他们注重自己个性的发挥。

在犹太人看来，生意的成败往往就是观念是否跟得上时代的潮流。在这个商品琳琅满目的时代，没有个性，就意味着面临被淘汰的命运。犹太人的矛盾就是他们外表很和善，但是他们灵魂是偏执和极端的，他们的思维方式是怪异的。他们每一个人都有自己的特色，都与众不同，若以同一件事去考验两个人，所做的事的结果必然不同。

“希伯来”的原意是“站在对岸”，它的意思就是人们不要畏惧，该反对时就要反对，同时也要原谅别人不赞成自己。

因为在古代，犹太人就认为假如世界是划一的，就不会有进步，必须有许多不同的东西互相竞争，才可能产生出新的事物。

任何东西都必须拥有个性。“个性才能生存”被各类企业一直验证为是商界金律。

犹太人的观点是：商业的个性就是独有的经商理念、特殊的经营模式、因环境条件有异而不可相互简单模仿的销售品种和价格等要素的总和。

莉莲·弗农就是一位敢于凭借自己的个性特色而获得商业成功的犹太女性。当1951年弗农开始在餐桌上组建邮订购物公司时，她当时是一个23岁怀孕的家庭主妇，试图为增添人了的家庭赚取额外的收入，她用2000美元的嫁妆钱投资于购买最初的一批钱夹和腰带，并花了495美元在《十七》杂志上登广告。弗农以典型的普罗米修斯风格行事，准备开拓别人未曾问津的新领域。

弗农最初的两样产品腰带和钱夹，包括个人化的特色，她首次邮购广告在最初的12周内收到价值32000美元的订货额。弗农对未曾料到的成功欣喜若狂，她又刊登标有人名的书签看看自己能否像第一回合这般幸运，这一新产品销售额较前一次翻番，于是弗农频频推出新产品，走上了顺道。她不仅取得了经济上的成功，而且每种新产品都获得了良好的声誉，随着她不断找出吸引自己的新产品，一次次地推向市场，她的成功也随之增大。

莉莲·弗农成为世界女企业家巨头，是由于她直觉地感知人们所需要购买的产品特点，她不是运用传统的市场研究技巧或主顾群体来做出新产品的决策；相反地，她完全依赖自己的分析做出产品抉择。她感到自己的直觉力成为她区别于其他人的重要因素。尽管在所有伟大创业革新者身上都能发现敏锐的直觉力，大多数人并没意识到自己的非凡能力，弗农却觉察到这一重要品格，使莉莲·弗农公司在竞争激烈的商界独树一帜。

弗农推销方法中别出心裁之处，是从她商品目录册中购买的任何产品，如果不能让顾客完全满意，她将在10年内将钱全部如数退还给顾客，要注意的是，弗农商品目录册中销售的产品都是标有姓名的商品。上面印有直接生产厂家的名字，因此消除了产品转手倒卖的因素。这种别具一格的营销方法使公司跻身于《幸福》杂志500家公司之列，功效显而易见。弗农别出心裁的营销术，显示出她对自己的产品及决策具有充分信心，她的胆魄和信心明显得益于她与广大顾客的沟通，她把顾客服务放在首位，这便是莉莲·弗农公司大获成功的原因。

犹太富人的这一金科玉律也为其他国家的商人所模仿。

巴西某地一家礼品店为了招徕顾客，在电视台大做广告宣传自己制定的店规：凡是名人前来购物，一律不收分文，但条件是必须以绝招来证明自己的身份。广告登出后，一些名人感到新奇，特来献技，远近顾客也慕名而来，想一睹名人风采。一时间礼品店顾客盈门，生意十分红火。

一天，球王贝利来到礼品店，顺手拿起店里一个足球放在地上，用脚轻轻一勾，球不偏不倚正好碰在门铃上，店内立刻铃声大振。未待铃声停止，贝利又用头一顶，把刚要落地的球顶到原来放球的位置。老板马上热情地邀请贝利挑选自己喜爱的礼品，且分文不取。不过球王的这一套干净利落的踢球动作早被聪明的老板摄下，成为商店吸引顾客的"法宝"。

推销一样的东西，你的推销方式就要与众不同一些，有个性一些；要想在市场竞争中站稳脚跟，战胜对手，同样也需要个性。

上海有位商人开了家"组合式鞋店"。货架上陈列着16种鞋跟、18种鞋底，鞋面颜色也有80多种，款式有百余种，顾客可以自己挑选出自己最喜欢的各个部分，然后交给职员进行组合。前店后坊，只需等10多分钟，一双称心如意的新鞋便可到手。此举引来了络绎不绝的顾客，使该店销售额比邻近的鞋店高出好几倍。

深圳有家钟表店在手表滞销、市场饱和的情势下，开辟特色服务，依照顾客意愿订制手表，成为一种新时尚。手表上可印制结婚照、本人头像，或印上一句相爱至深的话语送给情人。100多元的加工费，就可以订制一块绝对独一无二的风情手表，令死水一潭的手表业再度兴盛。

创造个性，拥有个性，以个性赢得市场，傲视群雄，才能在商战中立于不败之地。

犹太民族始终坚信，否定个性的社会难以进步。自己扼杀自己个性的人也不会有进步。每个人都是尊贵的。神是照着自己造人的。神的造型各异，人形与神也就各异。倘若一个人只知道模仿大众，那就是忘了神赋予他的神圣使命——创造自己。世界和艺术一样，是由每一个人创造的。

所以犹太人认为，每个人都要珍视自己，并且真正地尊重自己。一个人诚恳地珍重自己时，便能产生个性，然后才能透过个性，发挥专长以贡献社会。因此，对犹太人来说，培育个性是每个人的义务。对于商人而言，就是要使自己的商品自己经营策略有个性，独一无二。

中国国画大师齐白石说过："学我者生，似我者死。"对于经营者来说，有个性的才是最有魅力的，有独创的才是最有吸引力的，学会经营特色的思想，做有个性的老板，开独一无二的商店，才能在激烈的市场竞争中独树一帜，赢得主动，取得成功。

每一步都朝目标走过去

犹太商人生意经要诀

目标明确，成功的几率就会更大。没有实际行动计划的模糊梦想，则只是妄想而已。每个人都需要有某样东西来给以明确的指引，使自己能集中精力的最佳办法是把自己的人生目标清楚地表述出来。在表述自己人生目标时，要以自我梦想和个人的信念作为基础，这样做，有助于把目标定得具体可行。

《塔木德》上说：

"我们现在处于什么地方并不重要，重要的是看我们朝什么方向移动。"

"一个人如果不知道自己的船驶向哪个港口，那么，对他来说，也就无所谓顺风不顺风的了。"

"神射手之所以神，并不是因为他的箭好，而是因为他瞄得准。"

这些话的意思是说，一个人应该知道为何而奋斗，因为，正确的目标对指导人的行为尤为重要。

在犹太商人看来，一个人如果没有明确的目标，以及达成这项明确目标的具体计划，不管他如何努力，都像是一艘失去方向舵的轮船。辛勤地做事和一颗善良的心，尚不足以使一个人获得成功，因为，如果一个人并未在他心中确定他所希望的明确目标，那么，他又怎能知道他已经获得了成功呢?

犹太商人心里清楚，一个人过去或现在的情况如何并不重要，将来想要获得什么成就才是最重要的。除非你对未来有理想，否则做不出什么大事来。目标是对于所期望成就的事业的真正决心，目标比幻想好得多，因为它可以实现。

目标是既定的目的地，也是理念的终点。如果一个人没有目标，就只能在人生的旅途上徘徊，永远到不了终点。正如空气对于生命一样，目标对于成功也有绝对的必要。如果没有空气，人就不能够生存；而如果没有目标，做事不能够成功，也就难以享受到成功带来的快乐。

犹太人从商，非常注重确立经商奋斗目标，先是确立目标，然后全力以赴而终至成功。目标决定人的一生，激励人不畏艰苦，充分发挥自己的潜在能力。

一个商人要想经商成功，首先必须真正正确地认识自己。犹太商人在确立目标中注意切合个人实际和环境，不会把自己的奋斗目标确立在可望不可及的位置上，而是分阶段一步一步地朝向目标迈进。但有的人心比天高，却力不从心，甚至不肯努力，最终是以失败告终的。

美国犹太商人乔治·吉亚姆的高中时代是在田纳西州的温彻斯特度过的，他内心里经常梦想着有朝一日要成为一家大公司的总裁。虽然这只是一名 17 岁男孩的梦想，但却是其人生目标的萌芽。

进入耶鲁大学后不久，乔治·吉亚姆的兴趣就从经营一般企业转移到研究评断公司财务之上。大学二年级时，他的父母由于生活拮据而无法再继续供他念书，迫使他陷入不知该休学就业还是该半工半读的窘状。要做出决定是非常困难，但因为乔治有自己的梦想，因此他很快地就做出了决定：无论如何都要坚持到毕业。最后他做到了，不但每学期都取得了优异的成绩，而且还利用奖学金及一份兼职工作解决了学费与伙食费的问题。3 年后，他除获得经济学学士的学位外，同时还获得著名的路德奖学金，并取得全国优等生俱乐部耶鲁分会会长的头衔，以极其优异的成绩毕业。以后的两年，他前往英国牛津大学攻读硕士，此行对于他将来从事财务经营有很大的影响。

乔治回到美国后，便与一名叫田纳西的女子结婚，随后，他前往纽约，正式开始追求自己的目标。他的起步是一家颇具规模的证券公司，他在公司里的职务是投资咨询部办事员。不久，朋友告诉他，国家地理勘察公司正在招聘年轻上进的财务经理。乔治前往应聘，他认为这家公司可让他进一步学到许多有关财务经营方面的东西，于是他就进了这家公司，一干就是 4 年。

4 年之后，虽然这家公司业务非常稳定，而且他的表现也不错，但是他觉得能学的也学得差不多了，他又开始怀念起老本行了。于是，一咬牙，他又回到早先的那家证券公司工作，并等待机会。机会终于被他等到了，一名资深职员即将退休，这个人拥有 8 个相当有实力的客户，欲以 5000 美元出让。这对乔治来说是相当大的赌注，5000 美元相当于他的全部财产，若此举失败，他将会变得一贫如洗。而且，这些客户接下来之后能不能留住还是问题。这时乔治再一次面对重大抉择。

最后，他一心想自立门户的雄心战胜一切，他接下了这 8 名客户，并且立即一一前往拜访，十分坦率而且诚挚地向他们说明自己的理想与计划，客户们都被他的热情与直率所感动，表示愿意留下观察一段时间。当时，乔治才 28 岁。两年的岁月很快就过去了，乔治几乎每天都在为员工薪金及管理费用忙得焦头烂额，有时候，他连自己的薪金都拿不出来。

两年期间，公司便是在这种拮据的情形下惨淡经营着。虽然如此，公司要求的服务品质并无降低，反而愈来愈高。熬到第三年，终于苦尽甘来，公司业务开始蒸蒸日上，客户也有显著增加，乔治自立的梦想终于实现在现实生活中。

后来，他成为一家投资咨询公司的总裁，拥有将近一亿美元的资产，并兼任某大型互助银行的常务董事及数家公司董事。

可见，人生需要确立奋斗的目标。一个人目标越远大，意志才会越坚强。没有大目标，一生都是别人的陪衬和附庸。没有大目标，就没有动力。漫无目标地漂荡，终归会迷失航向而永远达不到成功的彼岸。犹太人刘易斯·沃克是美国前财务顾问协会总裁，有一次曾接受一位记者采访，谈论有关稳健投资计划基础的问题。记者问道："到底是什么因素使人无法成功？"沃克回答："模糊不清的目标。"

记者请沃克进一步解释，他说："我在几分钟前就问你，你的目标是什么？你说希望有一天可以拥有一栋山上的小屋，这就是一个模糊不清的目标。问题就在'有一天'不够明确，因为不够明确，所以成功的机会也就不大。

"如果你真的希望在山上买一间小屋，你必须先找出那座山，找出你想要的小屋现值，然后考虑通货膨胀，算出5年后这栋房子值多少钱；接着你必须决定，为了达到这个目标每个月要存多少钱。如果你真的这么做了，你可能在不久的将来就会拥有一栋山上的小屋，但如果你只是说说，梦想就可能不会实现。梦想是愉快的，但没有实际行动计划的模糊梦想，则只是妄想而已。"

每个人都需要有某样东西来给以明确的指引，使自己能集中精力的最佳办法是把自己的人生目标清楚地表述出来。在表述自己的人生目标时，要以自我梦想和个人的信念作为基础，这样做，有助于把目标定得具体可行。

头脑中要有强烈的赚钱富裕意识

犹太商人生意经要诀

富裕、充足，天下众生都应有份。假使你坚决地要求着，不断地奋斗着去取得这富裕、充足，金钱将从无数的途径涌向你。对于一个想致富的人来说，比能力和知识更重要的是保持富裕意识。只有你喜欢金钱，欣赏金钱的作用，你才会想尽办法赚钱，而不会把它乱花掉。

犹太人眼里的价值观标准就是金钱。犹太人认为，金钱成就崇尚它的人。只有你喜欢金钱，欣赏金钱的作用，你才会想尽办法赚钱，而不会把它乱花掉。

只要有钱在流通，就天然地需要犹太人这样的“媒介”。犹太人就可以在人类生活中占有不可替代的位置，这时候犹太人是不能被灭绝的。

犹太人这种独特的价值观，激发了他们对金钱的执着的信念。犹太人认为有钱是一件很好的事情，但他们绝不轻易浪费每一分钱，认为奢侈是一种相当愚蠢的行为。犹太商人的观点是：每个人的生命，原理原则上是指向更富裕的生活，应该过着幸福及更富足、更成功的生活才对，而贫穷违反了生命本来的欲求。可是过去有许多宗教和哲学都赞美贫穷是一种美德，事实上这种看法，只是在特殊的情况下才产生的。说起来这种想法，其实是一种自我安慰罢了！现在的你，如果还受到违反生命原理的时代所建立的价值观影响，是极为不合理的事。你别忘了，每一个人都拥有富裕权利，这才是生命原理，而贫穷等于是生命原理的作用不足，是一种不该有的现象。

犹太商人认为，富裕、充足，天下众生都应有份。假使你坚决地要求着，不断地奋斗着去取得这富裕、充足，总有一天你会认识这条规则——人人都能成为百万富翁！

犹太商人最喜爱的一句话就是耶稣所说：“你要，你就会得到。”对于一个想致富的人来说，比能力和知识更重要的是保持富裕意识。富裕意识是一种永远有大量的金钱足够分配的意识。那些真正生活富足的人们从不担心拥有过多——他们知道创造财富和富裕是他们自己思想倾向的一个功能。

你应将注意力放在扩展上。如果你保持富裕意识，金钱将从无数的途径涌向你。你将去创造使金钱向你的方向流动的方法，你的触角将在搜寻新的、激动人心的机遇，你的思想将开放着拥抱它们。

关于富裕意识的最重要的一点，不是当你变得“富裕”时你才突然产生富裕意识，那是另一回事。一旦你保障了你的富裕意识，真正的富裕就离此不远了。

善于从一点一滴积累财富

犹太商人生意经要诀

金钱的积累要从每一枚硬币开始，不要因为钱小而弃之，任何一种成功都是从一点一滴积累起来的，没有这种心态就不可能得到更大的财富。贪图更大的财富，结果连本来能够到手的也丢掉了。你不但要懂得如何创造财富，同时还要知道珍惜每一笔财富。

《塔木德》上有这样一句话："沙漠是由一粒粒细沙堆成的，财富是由一枚枚硬币积累而成。"硬币是一点一滴的财富，犹太人最懂得掌握这些不起眼的财富。

对于一个成功者来说，金钱的积累是从每一个硬币开始的，一个成功致富的人绝不会因为钱小而弃之，他们知道任何一种成功都是从一点一滴积累起来的，没有这种心态就不可能得到更大的财富。

犹太商人认为，做生意就怕一开始就在心中膨胀出一个很大的贪欲，这会使人变得浮躁，而不会脚踏实地赚钱。

很久以前，美国加州传来发现金矿的消息。许多人认为这是一个千载难逢的发财机会，于是纷纷奔赴加州。犹太人海亚·兰德斯也加入了这支庞大的淘金队伍，他同大家一样，历尽千辛万苦，赶到加州。淘金梦是美丽的，做这种梦的人很多，而且还有越来越多的人蜂拥而至，一时间加州遍地都是淘金者，而金子自然越来越难淘，而且生活也越来越艰苦。当地气候干燥，水源奇缺，许多不幸的淘金者不但没有圆致富梦，反而丧身此处。海亚·兰德斯经过一段时间的努力，和大多数人一样，不但没有发现黄金，反而被饥渴折磨得半死。

一天，望着水袋中一点点舍不得喝的水，听着周围人对缺水的抱怨，海亚·兰德斯忽发奇想：淘金的希望太渺茫了，还不如卖水呢。于是海亚·兰德斯毅然放弃对金矿的努力，将手中挖金矿的工具变成挖水渠的工具，从远方将河水引入水池，用细沙过滤，成为清凉可口的饮用水。然后将水装进桶里，挑到山谷一壶一壶地卖给找金矿的人。

当时有人嘲笑海亚·兰德斯，说他胸无大志："千辛万苦地到加州来，不挖金子发大财，却干起这种蝇头小利的小买卖，这种生意哪儿不能干，何必跑到这里来？"海亚·兰德斯毫不在意，不为所动，继续卖他的水。结果，一段时间后，大多数淘金者都空手而归，而海亚·兰德斯却在很短的时间靠卖水赚到几千美元，成了一个小富翁。

犹太商人抱持"一点一滴地积累财富"的观念，其实还有另一层深意，那就是，即使自己赚到了很多钱财，也应该保持当初节俭的意识，善待每一分钱。

在一个专门描写美国百万富翁生活的电视节目上，介绍了一位典型的犹太富翁巴特勒先生。他当时57岁，大半辈子都是和同一个女人度过，在当地的大学毕业，拥有一家公司，在几年内赚了不少钱。在邻居眼中，巴特勒先生一家人不过是毫不起眼的中产阶级，殊不知，他的财产净值高达2000万美元，在那个高级住宅区里约居前10%之列。

主持人问巴特勒先生："请问您买过最贵的一套衣服是多少钱？"巴特勒先生闭上眼睛好一会儿，显然陷入沉思。接着回答说："买过最贵的，包括我自己、太太及为两个儿子、两个女儿买过最贵的是400美元。没错，那是最贵的了，是为了我和太太结婚25周年买的。"

犹太商人认为，挣更多的钱，有更少的需求，这是两种完全不同的致富方法。最简单的、保证富裕生活的方法莫过于去挣更多的钱。但不要认为，每次提高收入你也都必须提高生活水准，这样做会犯愚蠢的错误。

学识渊博才能做大生意

犹太商人生意经要诀

商人要学识渊博，学识渊博不仅可提高商人的判断力，还可以增加他的修养和风度，从而在生意场上立于不败之地。一个文质彬彬和一个粗俗不堪的人，分别去应酬同一宗生意，成功几率大的必然是前者。

犹太人认为，没有知识的商人不算真正的商人，既然你不是真正的商人，我就没必要和你做生意。他们最看不起没文化的商人，犹太商人绝大部分学识渊博、头脑灵敏。

正因为犹太商人拥有渊博的知识，他们才具有高智商的头脑，从而才在生意中永立不败之地，成为公认的“世界第一商人”。

《塔木德》里有这样一个犹太故事。

有一次，一艘大船出海航行，船上的乘客中，除了拉比外，全是大亨。大亨们闲来无聊，就互相炫耀自己的财富。正在他们争得面红耳赤时，拉比插话了：“我觉得还是我最富有，只是我现在的财富无法拿给你们看。”

中途，海盗袭击了这艘船，大亨们的金银财宝全被抢劫一空。等海盗们离去后，这艘船好不容易抵达了一个港口，但已没有资金继续航行了。

下船后，这位拉比因其渊博的学识，很快受到当地居民的尊重，并被聘为学校的教师。后来，这位拉比偶然碰到曾经同船旅行的大亨。这时，他们已身无分文，只好再一次白手起家。大亨们深有体会地说：“只有知识才是夺不走的财富啊。”

商人要学识渊博，这是犹太人提出的口号，同时也是他们的经商法则。学识渊博不仅可提高商人的判断力，还可以增加他的修养和风度。一个文质彬彬的人和一个粗俗不堪的人，分别去应酬同一宗生意，成功概率大的必然是前者。

假如是一个学识渊博的商人，他除了了解自己的商品以外，还了解自己商品所针对的顾客的心理，尽力满足他们的需要，选取合理的场所，必要时还会客气而又不失风度地与顾客周旋，取得顾客的信任和重视。顾客对你的商品开始注意，这样生意就成功了一半。但是，假如是一个见闻狭隘、学识粗浅的商人，他既不懂得怎样设置场面，创造气氛，也不知道怎样招揽顾客，更不知道怎样树立自己的信誉，衣饰粗俗，出口粗话，这样，顾客未进门也许就给吓跑了，还能赚什么钱?

一个做钻石生意的犹太商人曾问他的合作伙伴：“你知道大西洋底部有哪些鱼类吗?”听者乍一听问这个问题，可能都会感到莫名其妙。因为做钻石生意和大西洋底部的鱼类毫无关系，怎么问这样一个驴唇不对马嘴的问题呢?

但犹太人自有自己的想法：一个钻石商人需要的是一个精明的头脑，对方连大西洋有哪些鱼类都了如指掌，可见对钻石的业务知识也同样相当熟悉，那么对巨细俱全的钻石种类的分析肯定也是全面、周到的，和这样的商人合作肯定能赚钱。

犹太人阿尔伯特的成功有力地证明了知识的强大力量。

阿尔伯特刚开始仅仅是一家银行的信贷业务员，他像现在美国许多年轻人一样，在工作了一段时间之后，认为自己的学识不够，产生了回大学深造的要求。

阿尔伯特经过在大学学习后，专业技能获得了极大提高，在银行业中做出了很大的成绩。不久，阿尔伯特便晋升为一家银行在纽约的总经理，随后又再次晋升为这家银行的总行经理，年纪轻轻的便成了银行的高级管理人员。

你看，阿尔伯特的成功便是他不断充实自己的专业知识，努力提高自己的业务能力的结果。

犹太人既注重学校的正规教育，又注重自教自学。众所周知，学校的教育是获取基础知识的场所，很多专业知识及实际操作技术要通过实践或专业学习才能得到。另外，由于各人情况和条件不同，受到正规教育的情况也不尽相同。因此，犹太人很强调具有自己独立获取知识的技能，从中指导自己的工作实践。

所以，犹太人把知识视为财富，认为知识可以不被抢夺且可以随身带走，知识就是力量，所以他们十分重视教育。犹太人有个说法，人生有三大义务，第一义务就是教育子女。他们教育子女，目的在于让后代能在竞争的社会中求得生存和发展，壮大自己和民族的力量。

犹太民族在这种文化舆论的熏陶下，对教育和学习的重视蔚然成风，形成了一种几乎全民学习、全民都有文化的传统。尽管早期的犹太民族的学习主要以神学研究为取向，涉及的知识面十分狭窄，但后来随着犹太民族受迫害流散于世界各地，他们的学习很快扩展到吸纳世界各国的文明成果了。更值得一提的是，他们的勤学苦研的传统从未中断，这使犹太人特别是犹太中青年在调节其心理，增强民族凝聚力和激发求生存谋发展的创造力上，具有了更大的能量。正是这种传统的继承，使犹太人不管流散到哪里，其民族的文化整体素质都比较高。

掌握多种语言，多多益善

犹太商人生意经要诀

语言是商人行走世界的利器，掌握多种语言是经商赚钱的资本，是成为世界性商人的必备素质。在现代社会，世界商务往来愈密切。与外国人做生意时，能用本国文化语言的思维考虑问题，同时能用外国的语言文化思维斟酌相同的问题，这意味着理解是从不同角度和习惯分析得出的，所以就准确而迅速，并深刻得多。

犹太人是一个世界性的民族，很早就知道了语言的重要，他们把掌握多种语言视作自己经营赚钱的资本，他们大都能熟练地掌握两种以上的语言，他们与外商接触不必通过翻译，这已成为犹太人经商成功的一个公开秘密了。

代表犹太民族5000年智慧精华的《塔木德》，就非常重视多种语言的运用。《塔木德》分为本文和注释两部分。注释部分包括了世界各国的文字，除了希伯来文之外，还包括了巴比伦文、德文、法文、西班牙文、北非文、土耳其文、波兰文、意大利文、俄文、日文、英文和中文等等，所以这部书为世界各国广泛阅读，并且添加了许多新注释。

有不少商人认为，外语只是从事涉外工作人员必备的语言工具，而在犹太人看来，这种观念很不全面。语言是商人行走世界的利器，在现代社会，世界文化和科技的发展，早已冲破国界，各个国家、各个民族的相互沟通和交往日益密切。这种交往，最重要的是使人判断准确、迅速。

跟犹太人打交道，首先让你吃惊的是他们的判断非常迅速和准确。原因何在？在于他们普遍懂得两个以上国家的语言。他们与外国人交往时，能用本国文化语言的思维考虑问题，同时，亦能使用外国的语言文化思维斟酌相同的问题，这意味着他们的理解是从不同角度和习惯分析得出的，所以就准确而迅速，并深刻得多。

比方说，在犹太人的商务活动中，常会讲到英语的“nibbler”这个词，它是由动词“nibble”延伸而来，变成一个名词。nibble是指钓鱼时，鱼儿咬吃钩上饵的动作。聪明的鱼会把钩上的饵吃光而不被钓着，而笨鱼则会被钓起来。犹太商人将夺得鱼饵逃走的鱼叫作“nibbler”，即做商人要做聪明的鱼。犹太人就这样巧妙地将外语的精华运用到自己的经营运作中，使其能赚钱，不会被“钓”起来（赔本）。

从事科学和艺术事业的犹太人，更是注重掌握外语了，他们能克服语言的障碍，能汲取人类的各种文明，因而增强了自己的才智。爱因斯坦是生于德国并长于德国的犹太人，他除了精通犹太民族的希伯来语、德语外，还精通英语，这样才使他能博采众长，成为20世纪最杰出的科学家之一。弗兰克尔是一位德国犹太人，杰出的音乐家和法官。法律与音乐的学科是毫无关联的，但弗兰克尔却在这两方面都做出令人惊叹的业绩。他在柏林当了近10年的法官，成为德国颇有名气的人物。弗兰克尔到美国定居，由于他精通英语，很快被好莱坞聘任，专门为历史影片谱曲作词。外语不但成为他谋生的本钱，还成为他事业成功的阶梯。

犹太商人中大多精通多种语言，这也是他们成为世界性商人的素质。

把数字运用到每一个商业活动中

犹太商人生意经要诀

经商离不开数字，商人需要培养对心算的敏感和精通。当然，并不是每一个对数字敏锐的人都会成为优秀的商人，但是，优秀商人会牢牢地把握相关的数字。相反，失败的商人则几乎都是不通数字。大脑中全然没有成本、费用、利润的数字，这样的商人显然是不会成为世界一流巨富。

犹太人认为，商人必须注重数字，这不仅运用到经商中，还要让数字覆盖于生活的每个角落。钟爱数字，使用数字，才能生意做大，这是犹太商人在几千年的漂泊生涯中总结出的经验。

犹太人拥有强烈的数字意识和丰富的数字知识，不论是在日常生活中，还是在经商之时，他们都可以将数字玩弄于股掌之上。犹太人的皮包里一直备有计算器，他们对数字有绝对的自信心。他们把数字灵活运用于经商，取得了明显的成绩。

犹太富商多与数字打过长期的交道，以做数字方面的文章而见长，如杜邦公司的董事长欧文·夏皮罗最初干过会计，海湾和西方工业公司的查尔斯·布卢德霍恩最初当过证券分析员等等。

注重数字几乎是所有商人的共性，但只有犹太商人让数字渗透到生活的每一个角落，无论是在生活中还是在商业里，都能对数字运用自如，把数字玩转起来。

犹太人认为作为一名商人需要培养对心算的敏感和精通。当然，并不是每一个对数字敏锐的人都会成为优秀的商人，但是，优秀商人会牢牢地把握企业的数字。相反，失败的商人则几乎都是不通数字。

犹太人在商场上，绝对容不得模棱两可，马马虎虎。特别是在商定有关价钱时，他们非常仔细，对于利润的一分一厘，他们计算得极其清楚。

一个旅行者的汽车在一个偏僻的小村庄抛了锚，他自己修不好，有村民建议旅行者找村里的白铁匠看看。白铁匠是个犹太人，他打开发动机护盖，朝里看一眼，用小榔头朝发动机敲了一下——汽车开动了！

“共 20 元。”白铁匠不动神色地说。

“这么贵？”旅行者惊讶至极。

“敲一下，1 元，知道敲到哪儿，19 元，合计 20 元。”

由此可见犹太人的精明。只要他们认为该赚钱的地方他们一定会脸不红心不跳，不卑不亢地赚它回来。在长期的商场磨炼中，犹太人练就了闪电般迅速的心算能力。

某导游引导某犹太人参观一个电晶体收音机工厂，该犹太人目睹女工作业片刻后问道：“她们每小时的工资是多少？”

导游一边盘算着一边说：

“女工们平均薪水为 25000 元，每月工作日为 25 天，一天 1000 元，每天工作 8 小时，那么 1000 用 8 除，每小时 125 元，换算成美元是等于……”

花了两三分钟，那导游才计算出答案，可那位犹太人，听到月薪 25000 元后立即就说出“那么每小时 35 美金”。待工厂的一位负责人说出答案，他早已从女工人数与生产能力及原料等，算出生产每部电晶体收音机，自己能赚多少钱。

犹太人因为心算快，所以他们经常能做出迅速的判断，这使他们在谈判中能镇定自如，步步紧逼，直至大获全胜；在商场上游刃有余、坦然从容。

犹太人认为经商离不开数字，而有些商人一说到“数字”两个字就不行，他们对预算表之类的东西几乎毫不过目，全部都托付给财务负责人，而只过问“总的说来本季度或本年度赚了多少钱”就完事了，即使他们知道企业的金库和银行存款上还有多少现金，但对有多少借款和欠款，有多少赊账和收受票据等，全然没有任何把握。当然，对目前企业有多少固定资产，负债多少等更是一概不知，即使他们了解月度、年度的大概销售额，但大脑中却全然没有成本等费用的数字，这样的商人显然是不会成为世界一流的巨富的。所以说经营与数字有着密不可分的关系，作为一名商人就必须和数字打交道不可。

一位犹太商人讲了这样一个故事，说明了数字的巨大作用。法国曾有家企业，老板常常把钱比作鱼来看待。例如1000万法郎就相当于一条金枪鱼，100万法郎就相当于一条沙丁鱼等。那位老板对此有独特的想法，他认为如果把钱当作钱看时，心里害怕不敢下决心动用。作为一个销售额大约只有3亿法郎的企业，该企业的老板却为了一时的夸口筹措了10亿法郎修建新的工厂，且把筹措到的资金看作100条金枪鱼，以避免动用时身体发颤，结果该企业新的工厂竣工后不久，就悲惨地倒闭了。一言以蔽之，该企业对销售情况的估计过了头。

其实干事业有时必须下定失败了就会面临丧失一切的那种极限性的决心，但往往正是那种时候必须仔细、诚实地关注数字。10亿法郎就是10亿法郎，而不是100条金枪鱼，不是像金枪鱼那样填进肚子里就完事了的东西。不管怎么说它是必须从卖出的商品利润中偿还的，为了还清这10亿法郎究竟得卖出多少商品呢？老板的感觉必须首先转向这儿。当钱成了金枪鱼，重要的数字感觉就变得淡薄了，自然企业决策就会失误。

除了自己谁都不可轻信

犹太商人生意经要诀

时时提防可能出现的灾难性打击，除了相信自己，对一切都持怀疑态度。自己必须自强自立，有自己的主见。人要是拿不定自己的主意，受别人的影响，那么就会一事无成，最后都不知该怎么办。

作为标准商人的代表者，犹太商人怀疑一切，这点倾向非常突出。历史上，犹太民族是灾难深重的民族。因为要提防随时都可能降临的伤害和打击，他们的一举一动都小心翼翼，一点风吹草动，都会让他们迅速做出自卫的反应。犹太民族正是这样的弱势群体，严酷的现实环境，迫使他们时时提防可能出现的灾难性打击，除了相信自己，他们对一切都持怀疑态度。

日本商人藤田还对此讲了一个故事。大约是1967年秋天，藤田拜访了芝加哥市的德彼·舍皮萝，他是一家制作名牌鞋的公司的经理，是一位犹太人。

这位犹太经理教育子女为人处世的方法非常独特。

德彼的住宅大约有30000平方米，附有草坪和游泳池，空地上放着3辆制鞋车。

在客厅里德彼的长女和小儿子托米正在玩耍。德彼抱起小儿子放到壁炉台上，然后挥手说："来，跳到爸爸怀里来。"

小儿子看到爸爸陪自己玩，非常高兴，笑着往爸爸怀里跳。可是当他快要落到爸爸臂上时，德彼却猛然把手抽掉了。小儿子摔在地板上，哇哇地哭了。

德彼微笑地望着小儿子。小儿子爬起来哭着找妈妈去了。

妻子并不责怪丈夫，只说："爸爸真坏。"

德彼望着对此大惑不解的藤田，解释说："这是犹太式的教育，小托米尚无一个人从壁炉上跳下来的勇气，但在我的鼓励下跳了下来。我故意抽回手，这种事情重复两三次，小托米渐渐就会明白，父亲也并不可靠。不要盲目相信父亲，靠得住的终究是自己。从小教育，到老也会牢记。”

这个故事虽然有些残酷，但这就是犹太人教育子女的一种方式，他们在经商中永远保持警戒心，从来不会吃大亏。

犹太人富有自信自强的优良传统。艰难和凶险的生活环境，没有扼杀他们追求美好生活的愿望，反倒培养了他们坚忍不拔、坚持己见的民族性格。

在犹太商人看来，缺少主见，遇事迟疑不决，容易受别人的影响而放弃了自己的主张和追求，这种人大多是意志不坚强的人。

一家全球闻名的大保险公司的人事经理，在面试新员工时总是注重应聘者是否能坚持自己的观点。他通常先提出一个问题让应聘者发表自己的看法，而他自己却故意提出与之相反的观点，甚至这种观点明显是错误的。

经过一番辩论，有的应聘者屈服了，放弃自己的观点，而有的应聘者却坚持到底，甚至于差点因为辩论而闹得不愉快。凡是敢于坚持己见的应聘者都通过了初试。

在复试时，人事经理特意测试应试者是不是一个遇事肯勇往直前、不屈不挠的人。当他口试时，就用各种颓丧的话语来攻击应试者的意志，告诉他们保险事业充满了种种危机，以此来试探他们。

许多应试者听了之后，仿佛看到前途是多么的暗淡无光，于是打消了留下的念头。只有极少数人在倾听人事经理的许多“忠告”之后，仍然不为所动，决心从事这种富有挑战性的工作，这正是人事经理希望聘用的。结果可想而知。

人活着就要有自己的个性，有自己的生活准则，有自己独立的价值标准，有自己的人生观。要想拥有美好的前程，自己必须自强自立，有自己的主见。没有主见又缺乏自信的人，肯定没有自我。一个人若失去自我，就没有做人的尊严，就不能获得别人的尊重。人要是拿不定自己的主意，受别人的影响，那么就会一事无成，最后都不知该怎么办。

每个人都有每个人的想法，每个人都有每个人的看法，不可能强求统一。不加分辨地听从他人是愚蠢的，也是没有必要的。与其把精力花在一味地去依赖别人，无时无刻地去顺从别人，还不如把主要精力放在踏踏实实做人、兢兢业业做事上。

经常自我反省让自己更成熟

犹太商人生意经要诀

在每一个人的内心深处，多少都隐藏了一些不易察觉的弱点，这种内在的弱点常常会驱使一个人做出危及自己的行为。如果商人对自己的缺点浑然不觉或者不知反省，结果就会把自己一步一步推向失败的境地。人性的弱点最易让人迷失理性，所以你要善于自我反省。

犹太商人认为，经商的失败在很大程度上是由于自身的弱点造成的，因为人性的弱点最易让人迷失理性，所以你要善于自我反省。

在每一个人的内心深处，多少都隐藏了一些不易察觉的弱点，这种内在的弱点常常会驱使一个人做出危及自己的行为。如果我们对自己的缺点浑然不觉或者不知反省，结果就会把自己一步一步推向失败的境地。

自我反省是提高一个人认知能力和办事能力的手段。缺乏自我反省，只能是盲目者最显著的特征，不能从根本上清理自己的错误。一个错误太多的人，只能在失败的道路上走得更远。

犹太商人洛德尔的档案柜中有一个私人档案夹，标示着“我所做过的蠢事”。夹中插着一些他做过的傻事的文字记录。他有时口述给他的秘书做记录，但有时这些事是非常私人的，而且愚蠢之极，没有脸面请他的秘书做记录，因此只好自己写下来。

每次洛德尔拿出那个“愚事录”的档案，重看一遍他对自己的批评，可以帮助他处理最难处理的问题——管理他自己。

洛德尔讲述他避免犯错误的秘诀时说：“几年来我一直有个记事本，登记一天中有哪些约会。家人从不指望我周末晚上会在家，因为他们知道，我常把周末晚上留作自我省察，评估我在这一周中的工作表现。晚餐后，我独自一人打开记事本，回顾一周来所有的面谈、讨论及会议过程。我自问：‘我当时做错了什么？’‘有什么是正确的？’‘我还能干什么来改进自己的工作表现？’‘我能从这次经验中吸取什么教训？’这种每周检讨有时弄得我很不开心，有时我几乎不敢相信自己的莽撞。当然，年事渐长，这种情况倒是越来越少，我一直保持这种自我分析的习惯，它对我的帮助非常大。”

一个人如果失去反省的能力，他就看不见自己的问题，更不能自救。假如一个人自己不常常反省或管理自己，便很容易把责任推给别人，犯上自以为是的错误。

反省的好处是，它让我们更清醒地认识自己。在安静的心灵状态下，我们可以看清事情，包括我们自己对问题应负的责任、做事情的新方法，以及我们挡住自己的方式。反省让我们察觉到自己所设下的限制，以及我们思考中的某些盲点。

总之，反省是最未被善用却最强而有力的制胜工具，反省让答案在你的眼前显现出来，通常你只要做一点努力，甚至完全不必费力。

用脑袋去赚钱

犹太商人生意经要诀

不去自己思考和判断，就是把自己的脑袋交给别人帮你看管。（《塔木德》）

西方有句名言说："从人们思想中挖出来的金矿，超过从地下开采出来的黄金。"

财富是靠脑袋创造的。犹太人说，你的价值是脑袋，而不是手，他们就是依靠脑袋发财的。犹太人在经商的时候显得很轻松，他们其实都是在思考问题。

"钞票有的是，遗憾的是你的口袋大小了。如果你的思维足够开阔，那你的钱包就会随之增大了。"犹太人如是说。

犹太人做生意是极为精明的，他们用自己聪明的头脑构筑了一个个绝妙的想法而赚了钱。

这就是犹太人的商业原则：作为商人，他的任务就是想办法制定好一套完整的合理的商业计划，剩下的事情就让别人去摆弄，自己等着赚钱就可以了。

《塔木德》里有这样一个故事：

有位国王拥有一大片葡萄园，雇了许多工人来照管，其中有一位工人的能力特别强，技艺超群，于是国王让他来管理这片园子。

有一天，这位国王来到葡萄园散步，就让他陪同。这天工作完后，工人们排起长队领取工资，几乎所有人的工资都相同，但是当这位看管园子的人领取工资的时候，却遭到了大家的抗议和议论。他们认为这位工人只干了两个小时的活，其他的时间都在陪国王到处闲逛，所以不能领取与别人等同的工资。

这时，国王说话了："我派他来是因为他熟悉你们的工作，是来看管你们的。今天他虽然只干了两个小时的活，但是他走的时候，你们仍然按他给你们的规定完成了任务，他的两个小时就干完了你们一天才完成的工作量，所以他的工资和以前一样。"

工作成就不能以工作时间来计算，也不是按他干了多少活来计算，而是应该以他实际工作所获得的有效劳动成果的多少来计算。

犹太人在他们历史的早期就已经这样做了。在 1910 年，大量犹太人进入北美。开始的时候，他们和一起移民来的英国人、西班牙人、葡萄牙人一样，都是从事最简单的体力劳动。他们每

10个人里有8个是体力工人，但是不久他们就都不干了。因为，对于犹太人来说，开始他们从事这些出卖体力的职业是由于遭受歧视、缺乏机会才不得不这么做。当他们有了基本的生存保证，就不再这样做了。这些工作报酬低微，但是付出的辛苦又很多，工作还很不稳定，尤其是这些工作会降低人的身份，这完全不符合犹太人的追求。

于是，他们依靠自己良好的教育背景纷纷去找那些体面、薪水报酬高、有油水可捞的工作。过了几十年，他们中有不少人成了百万富翁。著名的罗斯查尔德家族就是从这个时候开始闻名的。到了后来，每10个犹太人里就只有1个是蓝领工人了，其他的人都变成有产阶级了。在人们的眼睛里，每一个犹太人都成了重要的人物。而那些其他民族的人还是不得不继续卖力地挥动他们的锄头，汗流浃背地工作，以求每日的餐饭。

这就是两种不同的观念造成的不同命运：前者依靠自己的智慧变得富有，后者则依旧靠出卖体力来生活，他们的一生也不得不继续他们的被奴役的生活。

可以看出，财富绝对是靠智慧的大脑得来的，那种传统的依靠体力来劳作是不会得到最多财富的。即使是传说中的那些大力士在今天也顶多是维持自己的生计罢了。在今天越来越重视知识的年代，富有智慧的人们注定是这个世界的主宰者。

犹太人对于赚钱，自有主见。他们认为，赚钱有3种方式，一是靠身体，二是靠体力，三是靠脑袋。出卖自己是最可悲也是最下等的赚钱方式，而靠出卖自己的体力赚钱则是其次，最上层的赚钱方式就是靠脑袋。犹太人向来就是靠脑袋致富，世界上有很多犹太人在各国过得逍遥自在，但是他们能在休闲中赚取自己想要的东西。这就是说犹太人赚钱是靠脑袋而不是靠身体或体力。

多年以前，一个24岁的青年巴鲁克，以普普通通的出身，凭着自己准确的判断和锲而不舍的努力，用借来的5万美元10年间滚出了亿元身价，铸造了以色列第一财务软件的宏伟事业。当时电脑行业正在时兴，随着大量国外品牌电脑的进入，国外大公司开发的各种软件也开始长驱直入，计算机行业再次面临着机会的诱惑，不少人认为国外的计算机无论硬件还是软件均远远超过本国，与其苦苦开发民族软件，不如直接销售推广国外的硬件和软件，这样风险小，来钱快。

巴鲁克仍然潜心致力于民族财务软件的开发、销售，他似乎并不在乎与国外同行的竞争。在他看来，软件应用离不开技术和服务的本地化支持。国外许多公司可以将软件加以调整推向市场，但其母版是国外的，不可能完全符合本国企业的要求。致力于民族软件业的企业其优势就在这里，不仅完全做到了应用、服务的本地化支持网络，而且从软件设计上一开始就充分考虑到了以色列企业的现状。

也正是凭借这一优势，2000 年，巴鲁克击败了国外的著名公司，以不菲的价格拿下了仅软件服务就达 1000 万美元的大洋公司财务软件合作项目，巴鲁克的判断力再一次得了高分。

正因为如此，才有这样的犹太格言："只要能够正确使用，你的头脑就是你最有用的资产。"

亿万富翁亨利·福特说："思考是世上最艰苦的工作，所以很少有人愿意从事它。"

被犹太人视为致富导师的拿破仑·希尔在演讲中曾经反复强调"思考致富"。为什么是"思考"致富，而不是"努力工作"致富？最成功的人士强调，最努力工作的人最终绝不会富有。如果你想变富，你需要"思考"，独立思考而不是盲从他人。富人最大的一项资产就是他们的思考方式与别人不同。如果你做别人做的事，你最终只会拥有别人拥有的东西。

乔治·哈姆雷特曾在伊斯诺州的退伍军人医院疗养，他的时间很多，但是除了读书和思考之外，能做的事情并不多。但他懂得思考的价值。

乔治知道很多洗衣店在烫好的衬衣领加上一张硬纸板，防止变形。他写了几封信向厂商咨询，得知这种硬纸板的价格是每千张 4 美元。他的构想是，在硬纸板上加印广告，再以每千张 1 美元的低价卖给洗衣店，赚取广告的利润。

乔治出院后，立刻着手进行，并持续每天研究、思考、规划的习惯。

广告推出后，乔治发现客户取回干净的衬衫后，衣领的纸板丢弃不用。

他问自己："如何让客户保留这些纸板和上面的广告？"答案闪过他的脑际。

他在纸卡的正面印上彩色或黑白的广告，背面则加进一些新的东西——孩子的着色游戏、主妇的美味食谱或全家一起玩的游戏。有一位丈夫抱怨洗衣店的费用激增，他发现妻子竟然为了搜集乔治的食谱，把可以再穿一天的衬衫送去洗！

乔治并未以此自满。他要让自己的事业更上一层楼。他把每千张 1 美元的纸板寄给美国洗衣工会，工会便推荐所有的会员采用他的纸板。因此，乔治有了另外一项重要的发现，用自己的脑袋思考致富你会得到源源不断的财富。

缜密的思考和规划为乔治带来可观的财富。

第三章　经商本领出自磨炼

——犹太商人生意经三：在逆境中打磨自己的心志

敢于给失败迎头一击

犹太商人生意经要诀

从失败中奋起，这是商战的取胜之道。我们的态度决定了我们怎样看待障碍，乐观的人把它看成是成功的台阶，而悲观的人则把它看作是绊脚石。只有那些意志坚决、不辞辛苦、充满热情的人才能完成这些事业。

《塔木德》上有一句话说："失败绝不会是致命的，除非你认输。"这是经商的至理名言。

商场如战场，失败是难免的。但失败并不可怕，怕的是在失败中垂头丧气。一个人如果不怕失败，善于从失败中吸取教训，把失败化为"成功之母"，就一定能转败为胜，赢得更大的成功。所以说，从失败中奋起，这是商战的取胜之道。

犹太商人该亚·博通就是一个勇敢的人，正是这一点，使他获得了辉煌的成功。

该亚·博通早年埋头于发明创造，他先是发明了脱水肉饼干，但却未给他带来多少好处，相反，却使他在经济上陷入窘境。有了第一次失败的教训，又经过两年反反复复的试验，他终于又制成了一种新产品——炼乳，并决定把它推向市场。该亚·博通的第一步是要寻找专利保护。

该亚·博通发明的炼乳，是一种纯净、新鲜的牛奶，牛奶中的大部分水分在低温中用真空抽掉。但是，该亚·博通为他的制造方式寻求专利权时，得到的答复是产品缺乏新意，并且，专利局官员告诉他，在已批准的专利申请存档中已经有数十种“脱水乳”的专利权，其中包括一种“以任何已知方法脱水”。该亚·博通并不甘心，又一次提出申请。但他的第二次申请又再度被驳回，这因为专利官员判定“真空脱水”并非必要的过程，该亚·博通只是被认为制作态度比较谨慎而已。第三次申请仍被拒绝，理由是该亚·博通未能证明“从母牛身上挤出的新鲜牛奶在露天地方脱水”与他的制作方式的目的不一致。

虽然三次申请，三次被驳回，但这并未把该亚·博通击倒。他对专利权仍然穷追不舍，因为他坚信他的创造。他的第四次申请终于被批准了。

然而，虽然有了专利权，推销新产品也不是一帆风顺的。该亚·博通的工厂是由一家车店改造的，租金便宜，刚开业时，该亚·博通每天花费18个小时在厂里指导炼乳的生产方法，监督生产程序，检查卫生清洁情况。由于附近有纯正、营养丰富的牛奶供应，因而炼乳的成本较低。

于是，该亚·博通小心地挑选了一位社区领袖做他的第一位顾客，因为这位社区领袖对炼乳的意见会有助于巩固新公司及其新产品在该地区的地位，而且这位社区领袖对产品也表示了赞赏。但是，当时当地的顾客习惯的是把掺有水分的牛奶放入一些发酵品，进行蒸馏，他们只觉得炼乳稀奇古怪，对它有疑心，所以，很少有人问津。出师屡屡不利，甚至到了山穷水尽的地步。该亚·博通的两位合伙人都失去了信心，第一家炼乳厂被迫关闭了。

在失败面前，该亚·博通破釜沉舟，又建起了新厂，也许是他的努力感动了上帝，他的第二次尝试终于获得了成功。他的公司在他逝世时，已根深蒂固，成为美国具有领导地位的炼乳公司。

该亚·博通的创业奋斗奠定了现代牛奶工业生产的基石。在该亚·博通的墓碑上，有这样一段墓志铭："我尝试过，但失败了。我一再尝试，终于成功。"这正是对他一生的总结，这对每个渴望成功的商人也是一种激励。

成功是由那些抱有积极心态并付诸行动的人取得的。同一件事抱有两种不同的心态其结果则相反，心态决定人的命运。

一个人成功的真正原因是他的积极想法和乐观态度。我们的态度决定了我们怎样看待障碍，乐观的人把它看成是成功的台阶，而悲观的人则把它看作是绊脚石。

心态能使你成功也能使你失败，不要因为你的心态而使你成了一个失败者。按照美国哈佛大学著名行为学家皮克斯在《心态影响人的一生》一书中的观点：人的心态随着环境的变化，自然地形成积极的和消极的两种。思想与任何一种心态结合，都会形成一种"磁性"的力量，这种力量能吸引其他类似的或相关的思想。这种由心态"磁化"的思想，好比一颗种子，当它培植在肥沃的土壤时，会发芽、成长，并且不断繁殖，直到原先那颗小小的种子变成了数不尽的同样的种子。这就是心态之所以产生重大作用的原因。

心态与前途的关系是每一位谋求成功的人都必须考虑的人生课题。在此，我们相信：事业成功的人，往往都能够充分地运用积极心态的力量。人人都希望成功会不期而至，但绝大多数人并没有这样的运气或条件。就是有了这些条件或运气，我们也可能感觉不出来，很明显的东西往往容易被人忽略。每个人的积极心态就是他的长处，这是毫不神秘的东西。

在当今社会中，一个有生气、有计划、克服消极心态的人，一定会不辞任何劳苦，聚精会神地向前迈进，他们从来不会想到"将就过"这些话。那些克服消极心态而成就的大事，绝非那些仅仅为了填饱肚子以及抱着得过且过思想的人所能完成的，只有那些意志坚决、不辞辛苦、充满热情的人才能完成这些事业。

坚持下去，必能获得大收益

犹太商人生意经要诀

大多数人都停下来收手不干的事情，只有富有忍耐力的人才会继续坚持；人人都感到绝望而放弃的信仰，只有富有忍耐力的人在继续为自己的意见辩护。一个商人只要具有这种卓越品质，最终总能获得很大的收益。

犹太人认为，成功有两个重要条件：坚决和忍耐。许多人失败，都是因为他们没有恒心和忍耐力，没有不屈不挠、百折不回的精神。

经商过程中常被许多不利因素所阻挠，甚至彻底失败。这就像登山常被雪崩、寒冷的天气、不可预测的风暴所阻挠一样。但在这种情况下，一个优秀的商人绝不会放弃，而是盯住目标，勇往直前。

一家犹太公司的总裁说："只要专心致志盯住自己的目标而且不犹豫、不走神，我看什么都能做好。就像打井一样，打到一半深度可能没有水，这时你转移方向，就可能前功尽弃，而只要你坚持下去再深挖一下，这口井就能打成。"

大多数人都停下来收手不干的事情，只有富有忍耐力的人才会继续坚持；人人都感到绝望而放弃的信仰，只有富有忍耐力的人在继续为自己的意见辩护。所以，一个商人只要具有这种卓越品质，最终总能获得很大的收益。

世界上有无数人，尽管失去了拥有的全部资产，然而他们并不是失败者，他们依旧有着不可屈服的意志，有着坚忍不拔的精神，凭借这种精神，他们依旧能成功。

看看“美国名人榜”的生平就知道，这些功业彪炳史册的伟人，都受过一连串的无情打击。只是因为他们都坚持到底，才终于获得辉煌成果。

犹太人威廉·詹姆斯是一位非常有名的管理顾问，你一走进他的办公室，马上就会觉得自己“高高在上”似的。办公室内各种豪华的摆设、考究的地毯、忙进忙出的人潮以及知名的顾客名单都在告诉你，他的公司的确成就非凡。但是，就在这家鼎鼎有名的公司背后，藏着无数的辛酸血泪。

威廉·詹姆斯在创业之初的头6个月就把自己10年的积蓄用得一干二净，并且一连几个月都以办公室为家，因为他付不起房租。他也婉拒过无数的好工作，因为他坚持实现自己的理想。他也被拒绝过上百次，拒绝他的和欢迎他的顾客几乎一样多。就在整整7年的艰苦挣扎中，谁也没有听他说过一句怨言，他反而说：“我还在学习啊。这是一种无形的、捉摸不定的生意，竞争很激烈，实在不好做。但不管怎样，我还是要继续学下去。”

威廉·詹姆斯真的做到了，而且做得轰轰烈烈。有一次朋友问他：“把你折磨得疲惫不堪了吧？”威廉·詹姆斯却说：“没有啊！我并不觉得那很辛苦，反而觉得是受用无穷的经验。”威廉·詹姆斯能在逆境中坚持到底，结果他成功了。

我们再来看看一个相反的例子。这是一个挖地三尺见黄金的故事，发生在美国那个产生许多富翁的淘金时代。

青年农民鲁宾卖掉自己的全部家产，来到科罗拉多州追逐黄金梦。他围了一块地，用十字镐和铁锨进行挖掘。经过几十天的辛勤劳动，鲁宾终于看到了闪闪发光的金矿石。继续开采必须有机器，他只好悄悄地把金矿掩埋好，暗中回家凑钱买机器。

他费尽千辛万苦弄来了机器，继续进行挖掘。不久就遇到了一堆普通的石头，这时鲁宾认为：金矿枯竭了，原来所做的一切将一钱不值。他难以维持每天的开支，更承受不住越来越重的精神压力，只好把机器当废铁卖给了收废品的人，卷着铺盖卷儿回家了。

收废品的人请来一位矿业工程师对现场进行勘察，得出的结论是：目前遇到的是“假脉”，如果再挖3英尺，就可能遇到金矿。收废品的人按照工程师的指点，在鲁宾的基础上不断地往下挖。正如工程师所言，他遇到了丰富的金矿脉，获得了数百万美元的利润。鲁宾从报纸上知道这个消息，气得顿足捶胸，追悔莫及。

人的一生当中会遇到许多意想不到的困难，坚强的人总是表现出极大的忍耐力。

一个卖花的老太婆微笑着，又老又皱的脸上荡着喜悦，一个小伙子冲动之下挑了一朵花，“今天你看起来很高兴？”小伙子问。“为什么不呢？一切都这么美好。”老太婆穿得相当破旧，身体看上去很虚弱，她的回答令小伙子大吃一惊。

“耶稣在星期五被钉在十字架上的时候，那是全世界最糟糕的一天，可三天以后就又复活了。所以当我遇到麻烦时，就学会了等待三天，一切就恢复正常了。”然后，她笑着道了声“再见”。

可见，忍耐是经商中必不可少的。当一切都已远离、一切宣告失败时，忍耐力总可以坚守阵地。依靠忍耐力，许多困难，甚至许多原本已经无望的事情都可以起死回生。

不怕失败，就怕不会总结它

犹太商人生意经要诀

成功是在不断的探索和失败中发现的，善于从失败中吸取教训及不断改变的人，才是真正的聪明人。为了在你的生活中创造积极的东西，你需要就你做事的方式进行一些改变。

犹太人认为：每个人都不可能避免失败，不分聪明和蠢笨，而那些善于从失败中吸取教训的人，才是真正聪明的商人。有很多人，已经丧失了他们所有的一切，但他们并不算是失败，因为他们有一种不可屈服的意志，他们从不介意一时的成败，失败只会让自己更加成熟。

美国企业家保罗·道弥尔就是这样一个聪明的商人。他专门收购面临危机的企业，这类企业在他的手中经过整顿，个个起死回生，财源广进。

1948年，21岁的保罗·道弥尔离开了祖国匈牙利，来到美国。当时，他一无所有，最大的资本就是一副健康强壮的身体。

他在美国找一份工作勉强度日，并非难事，但是胸怀大志的道弥尔并不以能够维持生计为满足。在一年半的时间里，他竟变换了15次工作。他之所以这样做，并非朝秦暮楚，好高骛远，而是为了更深更多地了解美国，尽快增长自己的能力，学会做自己不会做的事情。最后，道弥尔在一个制造日用杂品的工厂正式开始工作了。他总是不声不响地工作，主动帮助老板忙里忙外，干得极卖力气，还做了许多分外的事。老板被他这种刻苦耐劳的、持之以恒的精神感动了。

一天，老板把道弥尔叫到办公室，对他说："我还有许多事情要做，我想把这个工厂交给你照管，你不会反对吧？"道弥尔非常高兴，他很自信地说："谢谢您对我的信任，我想我会把它管理得很好。"道弥尔做了工厂主管，每周工资由30美元升到了195美元。这个数字在当时来说是不小的收入，但他追求的不是这个，他要向企业家的目标奋斗。这个小工厂固然能学点管理经验，但毕竟有限。

道弥尔认为：要想做一个企业家，不仅要学会工厂管理，还必须熟悉市场，了解顾客的心理和需求，销售部门是企业的一个最重要的部门，不懂销售业务就不能成为现代的企业家。因此，半年之后，他向老板递交了辞呈，决定做推销员。

他做推销员之后，视野果然开阔了许多。他广泛地同各种顾客打交道，丰富了销售产品的经验，锻炼了交际能力和技巧，学会了如何去洞察和分析顾客的心理，同时也更深地了解了当地的风俗民情，这对于一个来自异乡的青年人来说，无疑又积累了一大笔无形的财富。仅用两年时间，道弥尔便用自己的才智和心血编织了一个庞大的销售网，成为当地最富有的推销员。正在这时，道弥尔作了一个惊人的决定，将一家濒临破产的工艺品制造厂以高价买了下来，同时拥有70%的股份。也就是说，这家工厂差不多成了他的独资企业，基本上可以按照自己的想法大胆地进行整顿和改革了。

道弥尔首先从生产和销售两个环节实行整顿。他认为，生产环节方面要提高效率、减少开支、降低成本。他针对不少员工对工厂的前景已失去希望，便借机大批裁员，而对留下的增加他们的工作量，提高他们的工资。销售环节方面，因为是工艺品，他废止推销办法，改为行销制度；提高产品价格，保持合理利润；加强销售服务，提高工厂信誉。

有人这样问道弥尔：为什么总爱买下一些濒临倒闭的企业来经营？他回答得十分巧妙："别人经营失败了，接过来就容易找到它失败的原因，只要把造成失败的缺点和失误找出来，并加以纠正，就会得到转机，也就会重新赚钱。这比自己从头干起要省力得多。"因此，保罗·道弥尔被同行企业家们称为企业界"神奇的巫师"。

成功是在不断的探索和失败中发现的，善于从失败中吸取教训及不断改变的人，才是真正的聪明人。

犹太商人认为，事业上的失败，主要是由自己的原因造成的，要想改变这种状况，首先要改变你自己。

《塔木德》中有这样一个寓言故事：狗家族中一条很有抱负的小狗向整个家族宣布：要去横穿大沙漠。所有的狗都跑来向它祝贺，在一片欢呼声中，这只小狗带足了食物和水上路了。3天后，噩耗传来：小狗死在了沙漠里。这只很有理想的小狗为什么丢掉了性命呢？检查食物，还有很多；检查水壶，里面还有水。经过研究分析得出结论：小狗是被尿憋死的。小狗之所以被尿憋死，是因为它有一个习惯，一定要在树干旁撒尿。大沙漠中哪有树呀，可怜的小狗一直憋了3天，最后活活被尿给憋死了。

《塔木德》讲这么一则小故事是想告诉人们：习惯影响命运。一个人的行为方式、生活习惯是多年养成的，很难改变，如果能够学会改变，那么就不会落到失败的境地。

逆境能把自己推向更高的起点

犹太商人生意经要诀

人生不可能一帆风顺，机会也不总是顺风而来，蕴藏在逆境中的机会永远都是非常巨大的，是足以改变人的一生的。所以，任何时候，对于逆境都应该抱着一种乐观和欢迎的心态。有没有面对逆境的勇气和头脑，往往决定着一个商人的成功与失败，也是判断一个商人经商才能高低的重要标准。

面对逆境，能坦然应之的当推犹太商人。犹太人认为，人生的际遇有两种，一种是顺境，一种是逆境，在顺境中顺流而上，抓牢机会，或许每个人都能够做到。但面对逆境，若缺乏忍耐和智慧就会败在阵下，在逆流中舟沉人亡。

犹太人能在危险来临时，仍泰然自若地做生意，甚至把逆境看成是赚钱的最好时机。犹太人知道，人生不可能一帆风顺，机会也不总是顺风而来，蕴藏在逆境中的机会永远都是非常巨大的，是足以改变人的一生的，所以，任何时候，对于逆境都应该抱着一种乐观和欢迎的心态。

下面有一则关于犹太人面对逆境的笑话：

不知从何时起，犹太人有个“不能在安息日工作”的规矩，要求人们必须在家休息，并勤做功课，但偏偏有人破坏规矩，在安息日却照常营业。一次布道时，拉比指责这些店主亵渎了安息日。当做完礼拜后，最爱破坏规矩的一个老板，却送给拉比一大笔钱。

待到第二个礼拜时，拉比对安息日营业的老板的指责就不是那么严厉了，因为他指望着那个老板给的钱会更多一些。然而他一个子儿都没得到，拉比感到十分奇怪，便询问其中的原因。那位老板说："事情十分简单。在你严厉谴责我的时候，我的竞争对手都害怕了，所以，安息日只有我一个人开店，生意兴隆。而你这次说话很客气，恐怕这样一来大家都会在安息日营业了。"

这虽然是一则笑话，难免出格，当然从这则笑话中，我们能发现逆境也是一个赚大钱的机会。

犹太商人特别善于在逆境中发财。他们发现机遇的头脑是在特定的环境下磨炼出来的。他们之所以能在非常困难的情况下从事放债和贸易这些获利颇丰厚的行业，他们首先知道自己的生意在哪里，对每一个赚钱机会有一种超乎寻常的敏感，因为神父讲道时不准商店老板营业，而许多人害怕亵渎神灵，便纷纷歇业。犹太商人没有义务遵守基督教的教义，只要合法，他们便大赚特赚属于自己的钱。

因此，有没有面对逆境的勇气和头脑，往往决定着一个商人的成功与失败，也是判断一个商人经商才能高低的重要标准。

艾柯卡是美国汽车业无与伦比的经商天才。他开始任职于福特汽车公司，由于其卓越的经营才能，使得自己的地位节节高升，直至坐到了福特公司的总裁。

然而，就在他的事业如日中天的时候，福特公司的老板——福特二世担心自己的公司被艾柯卡控制，便解除了艾柯卡的职务并开除了他。

艾柯卡在离开福特公司之后，有很多家世界著名企业的头目都来拜访艾柯卡，希望他能重新出山，但被艾柯卡婉言谢绝了。因为他心中有了一个目标，那就是："从哪里跌倒的，就要从哪里爬起来！"

他最终选择了美国第三大汽车公司：克莱斯勒公司。他要向福特二世和所有人证明：自己的才能和福特二世的错误。

艾柯卡到克莱斯勒公司后，对面临破产的克莱斯勒公司实行了大刀阔斧的改革，辞退了32个副总裁，关闭了16个工厂，裁员和解雇的人员上千，从而节省了公司最大的一笔开支。整顿后的企业规模虽然小了，但却更精干了。另一方面，艾柯卡仍然是用自己那双与生俱来的慧眼，充分洞察人们的消费心理，把有限的资金都花在刀刃上，根据市场需要，以最快的速度推出新型车，从而逐渐与福特、通用三分天下，创造了一个与“哥伦布发现新大陆”同样震惊美国的神话。

1983年，在美国的民意测验中，艾柯卡被推选为“左右美国工业部门的第一号人物”。

1984年，由《华尔街日报》委托盖洛普进行的“最令人尊敬的经理”的调查中，艾柯卡居于首位。

同年，克莱斯勒公司盈利24亿美元，美国经济界普遍将该公司的经营好转看成是美国经济复苏的标志。

有人曾经在这个时候呼吁艾柯卡竞选美国总统。如果在福特公司的艾柯卡是福特的“国王”，那么在克莱斯勒的艾柯卡无疑就是美国汽车业的“国王”。

艾柯卡之所以能创造这么一个神话，完全是受惠于当年福特解职的逆境。正是因为这一逆境，才使艾柯卡的事业步入无限的辉煌。从艾柯卡的经验中，可见，逆境有时也是一种成功的捷径。

一切胜利皆始于个人求胜的意志和信心

犹太商人生意经要诀

一个人只要有自信，那么他就能成为他希望成为的那种人，一个人要永远保持成功的自信！无论在任何情况下，你都要依靠自己，相信自己，挖掘自己，发挥自己，只有你自己才能主宰自己。

《塔木德》中说：“相信自己，便会攻无不克，不能每日超越一个恐惧，便从未学得生命的第一课。”

在犹太商人看来，对一个商人来讲，自信是自身的一种信念，是对自己的一种肯定。这将使他人尊重并信任你，如果你自己都对自己不信任，又怎么能指望别人也信任你呢？

在犹太商人看来，在遇到挫折时，如果你认为自己被打倒了，那么你就是真正地被打倒了。如果你认为自己仍屹立不倒，那你就真的屹立未倒。如果你想赢，但又认为自己没有实力，那你一定不会赢。如果你认为自己会失败，那你必败无疑。如果你自惭形秽，那你就不会成为一个强者。无论在任何情况下，你都要依靠自己，相信自己，挖掘自己，发挥自己，只有你自己才能主宰自己。

犹太人伊莎贝拉由于看到房产销售的情势大好，决定代理销售活动房屋。当时很多人都告诉她不应该这样做，说她不可能做得好。当时她仅有 30000 美元的积蓄，而别人告诉她最低的资本投资额是她的积蓄的许多倍。

“你看竞争多么激烈呀！”她的顾问这样忠告她，“此外，你在销售活动房屋方面又有多少实际经验？更别提业务管理了。”

伊莎贝拉女士对自己充满了信心。她承认自己的确缺少资金，竞争非常激烈，而且她也缺乏经验。“但是，”她接着说，“我收集的资料显示，活动房屋这个行业正在扩展，我也彻底研究了我可能遇到的竞争。我知道我在销售方面可以做得比镇上任何人都好。我也预料到会犯一些错误，但我会很快地赶上别人。”

于是，她毫不动摇地行动了。最后她那坚定不移的信心赢得了两位投资者的信任，也使她得到了几乎不可能的优惠——一家活动房屋制造商答应，在不需要现金的条件下，供应她一些很少量的存货。就这样，伊莎贝拉大获成功。当年，她卖出了超过 100 万美元的活动房屋。这一切的成果都归因于她对自己的信心。

可见，一切胜利皆始于个人求胜的意志和信心。一个人只要有自信，那么他就能成为他希望成为的那种人，在日常生活中，强者不一定是胜利者，但是，胜利者都属于有信心的人。一个人要永远保持成功的自信！在每做一件事前告诉自己这一次一定会成功，信心将随着你每一次目标的实现而增长。随着信心的增长，你会设置更高的目标，取得更大的成功。

保持警觉，适时变化，敢于撤退

犹太商人生意经要诀

面临多变的时代，要想成功，一个商人需要在变化方面提高警惕，保持警觉，而且有效加以驾驭。成功没有秘诀，不想在激烈的竞争中被淘汰，便应在应变技巧上下功夫。一旦发生变动，可以反应敏捷，马上认清变动原因，采取有效的应变措施。一旦发现情况不利时，就要下决心勇于变化，敢于放弃，一旦迟了一步，就无法处置。

犹太商人在经商过程中，能依据外部环境的变化，特别是市场和竞争对手的变化而相机应变调整自己的战略战术，这确实很高明。市场中没有变化，就没有机会。竞争环境中，有人会被淘汰，有人能找着机会。若能使自己的公司经常保持高度的警觉性，知道如何去变，能够驾驭变，这种公司则将永远立于不败之地。反之，一个商人不善变化，凡事拖延，必然备感辛苦，而且效果甚微。

当然，无论是多么有远见的商人，都不可能把未来竞争的细节描写清楚。所以，制胜之法“不可先诘”；妙算之策，不是包打胜仗的保证。置身于商场竞争中，能随机应变，才是用谋取胜之本。

世界闻名的美国克莱斯勒汽车公司，是仅次于通用汽车公司和福特汽车公司的第三大汽车公司。在1979年9个月中，却亏损了7亿美元。这个灾难之所以降临，可以说该公司不是失之于经济实力和技术力量薄弱，而是败于没有研究当时竞争的变化趋势，仍然抱残守缺。竞争中的高低之分，往往不单凭实力，而在信息的掌握和运用。

1973年，全球性的石油危机，严重冲击了依赖能源的汽车工业。当时，美国所有的汽车公司都受到了冲击。石油价格上涨，令一贯用油挥霍无度的美国人，也不得不精打细算起来，改变那种阔少似的派头，开始逐步使用耗油最小的小型汽车。通用和福特两家汽车公司吸取教训，随机应变，针对美国人消费心理的变化，从生产豪华型的小汽车转到省油的小汽车上。而克莱斯勒公司不察商情，一意孤行，认为使用豪华型的小汽车是美国人的本色。结果，在 1978 年，世界石油危机再度出现的时候，豪华型小汽车的销售量大大下降，该公司存货堆积如山，每天损失 200 万美元， 公司面临破产的危机，董事长不得不引咎辞职。后来聘请了福特汽车公司前总裁艾柯卡来力挽狂澜，并向美国政府申请 15 亿美元的贷款，才勉强渡过了难关。

在犹太商人看来，面临多变的时代，要想成功，一个商人需要在变的方面提高警惕，保持警觉，而且有效加以驾驭。成功没有秘诀，不想在激烈的竞争中被淘汰，便应在应变技巧上下功夫。一旦发生变动，可以反应敏捷，马上认清变动原因，采取有效的应变措施。在商场竞争中，市场状况瞬息万变，要时时掌握市场动态的变化，做到以变应变。只有寻求变化、洞察先机、善于驾驭的商人，才能在瞬息万变中抓住机会，获得成功。

1984 年，33 岁已经是 3 个孩子父亲的约尔马·奥利拉决定辞去花旗银行的优越职位，接受祖国的诺基亚公司的邀请，举家迁回芬兰。当时的诺基亚公司是一家名不见经传的传统制造业公司，其业务涉及造纸、化工、橡胶、电缆等 10 多个领域，当然也涉足计算机、电子消费品和电信产品等高科技业务范围，只是规模很小。而且诺基亚的产品包括高新技术产品，缺乏市场竞争力，受到美国与日本的强大竞争对手的夹击，真可谓是内忧外患，情况很不乐观。可以说，诺基亚当时确是处于风雨飘摇之中，已经到了决定其命运的关键时刻。

奥利拉接手诺基亚后，便抓住时机，进行了大刀阔斧的改革。当时数字电话标准开始在欧洲流行，奥利拉认定数字化通讯设备将在未来市场上大有作为，因此他果断地将公司长期发展重心转移到电信设备的生产上，合并、卖掉一些公司，将造纸、轮胎、家用电子等业务压缩到最低限度，甚至忍痛砍掉了拥有欧洲最大电视机生产厂之一的电视生产业务，集中精力与资源加强移动通讯器材和多媒体技术的开发和探索。

诺基亚集中电信方面的资源后，优势得到体现，使它在蓬勃发展的电信市场上如鱼得水。现在移动电话和通讯基地设施两项业务已成为诺基亚的左膀右臂，其销售额之和占公司总收入的百分比超过80%，远高于爱立信的65%和摩托罗拉的40%。芬兰国民银行所属蒙哥马利证券公司的马克·麦克彻尼称：“他们的经营几乎无懈可击。”这就是诺基亚从一个不知名的厂家迅速成长为国际三大电信巨头之一的首要秘诀。

商场如战场，是没有硝烟的战场，真是此处无声胜有声，激烈的竞争四面埋伏，一旦发现情况不利时，就要下决心勇于变化，敢于放弃，一旦迟了一步，就无法处置。但有些人却往往不愿这样做，感觉似乎不大雅观，有失男子汉的气魄。其实这是一种误解。

勇于放弃在经商战略上可以说是极重要的战术之一。放弃并不轻松，它不但困难，而且需要极大的忍耐力。一个善于放弃而转头经营其他商品的人，才是真正的勇者，才是真正的商人。

把错误和偶然也变为财富

犹太商人生意经要诀

愚者错过机会，弱者等待机会，智者把握机会，强者创造机会。机会常常改装打扮以问题面目出现，对某一重要问题的解决本身就为成功创造财富提供了良机。乐观的聪明人，不仅能看到眼前的问题，还能发现问题后面的机会。

在犹太人看来，错误也是发展机会，错误也能变废为宝。事实上，利用错误创造机会的例子在犹太人的经商中比比皆是，并不鲜见。机会常常改装打扮以问题面目出现，对某一重要问题的解决本身就为成功创造财富提供了良机。

《塔木德》上有两句经典的话：“愚者错过机会，弱者等待机会，智者把握机会，强者创造机会。”“悲观者只看见机会后面的问题，乐观者却看见问题后面的机会。”乐观的人，不仅能看到眼前的问题，还能发现问题后面的机会。当然，发现机会是以自身的才能和努力为前提的。

一家犹太工厂的工人在生产呢布的时候，由于工作中的不小心，生产出来的几匹呢布上染上了白点，这一下问题就大了，按规定，这样的呢布只能作废，不能出厂。

这时候，厂里有一位叫摩维西的工人发现这种呢布非常漂亮就与厂主商量，打折买了下来。然后，他拿到市场上，以比正常呢布更贵的价格叫卖，并取了一个十分动听的名字——“雪花呢”。结果，这种新款的呢布引起了人们的注意，几分钟之内即被抢购一空。不久，“雪花呢”成为市场流行时尚的宠儿，摩维西从此专门生产这种“错误”呢布，结果足足赚了一大笔。“碧绿液”是法国著名的矿泉水，畅销全国，还出口到美国和日本等国家。但是1989年发生的一件意外事情差点儿毁了生产这种矿泉水的法国“碧绿液”公司。

当年2月，美国食品卫生部门在抽样检查中，发现部分“碧绿液”矿泉水含有超过规定标准2倍的苯，长期饮用会有致癌的危险。消息传出后，“碧绿液”矿泉水的销量直线下降。怎么办？回收全部不合格产品，登报向广大消费者致歉？这样做对恢复碧绿液公司名声所起的作用不大。不如干脆来个变坏事为好事，利用这个机会重新提高和扩大公司的知名度。

于是，碧绿液公司马上举行记者招待会，在会上向来自各地的记者们宣布：把同一批销售到世界各地的1.6亿瓶矿泉水全部就地销毁，公司另外用新产品补偿。这个消息一出，记者们顿时哗然：为几十瓶不合格的矿泉水而销毁价值2亿多法郎的1.6亿瓶矿泉水，值得吗？

碧绿液公司却不这么认为。虽然毁掉1.6亿瓶矿泉水，公司的直接损失达2亿多法郎，但这样做却为公司赢得了信誉和名声。新闻媒介对碧绿液公司的奇特做法整版报道，大肆渲染。消息很快在美国和全世界传开，碧绿液公司认真为顾客着想、对顾客负责的美名四海皆知，比上一次美国食品卫生部门宣布碧绿液矿泉水苯含量超标准的消息还要轰动。这样做虽然使碧绿液公司损失了2亿法郎，但是如果直接花2亿法郎来为“碧绿液”矿泉水做广告，肯定不会产生如此轰动的效应，不会具有这么大的感染力。

世界各地的新闻媒介都对碧绿液公司的壮举十分关注。“碧绿液”矿泉水新产品上市的那一天，巴黎几乎所有的新闻媒介都做了大张旗鼓的报道，许多报纸用整版刊登了“碧绿液”的广告。电视台的广告更别出心裁：人们熟悉的那只葫芦状的绿色玻璃瓶依旧出现在电视屏幕上，一滴矿泉水从瓶口滑落，犹如一滴眼泪。同时画外音出来了：一个受委屈的小姑娘在哭泣，一个父亲般的声音劝慰她：“不要哭，大家依然喜欢你。”小姑娘回答道：“我不是哭，我是高兴啊！”

碧绿液公司在意外的打击面前并未一蹶不振，而是急中生智，采取良策克服困难，反而提高了知名度。可见，有时一招得当，便可挽救全局。

除了错误的机会外，犹太人还善于抓住偶然的机会发财。

美国《妇女家庭》杂志的编辑犹太人爱德华·包克，从小就沉迷在一种想法中，总有一天他要创办一种杂志。由于他树立了这个明确的目标，所以特别留心每一个机会。有一回，他看见一个人打开一包纸烟时，从中抽出一张字条，随即把它扔在地上。包克拾起这张字条，见那上面印着一个著名女演员的照片，下面有一行字：这是一套照片中的一幅。包克把纸片翻过来，发现它的背面竟是空白的。

包克立即感到这是个机会。他推断：如果把印有照片的纸片充分利用起来，在它的背面印上照片上人物的小传，价值就可大大提高。于是，他走到印刷这种纸烟附件的公司，向经理说明了他的想法。这位经理立即说道：“如果你给我写100位美国名人小传，每篇100字，我将每篇付给你10美元，请你给我送来一张名人的名单，并分为总统、将帅、演员、作家等等。”

这就是包克最早的写作任务。他的小传的需要量与日俱增，以致他得请人帮忙，于是他聘请了自己的弟弟，付给每篇5美元的稿费。不久，包克又请了5名新闻记者。就这样，包克成了著名的编辑。

可见，偶然的机会，有时就是这样，只要把握住了，就能使一个愿望成为现实。

事情看似无望也要再试一次

犹太商人生意经要诀

经商中，常常会遇到各种危难情景，却又无能为力，这时唯一的办法就是咬紧牙关，相信一切都会过去。遇事时要多进行一次尝试，凭毅力与弹性去追求所企望的目标，最终必然会得到自己所要的。因此，你做什么事可千万别在中途便放弃希望。

《塔木德》上说："遇事绝望，这正是很多人失败的根源。成功更多依赖的是人的再一次的尝试而不是天赋与才华。"

为了说明这个道理，《塔木德》上讲述了这样一则寓言：

两只青蛙在觅食时，不小心掉进了路边一个牛奶罐里，牛奶罐里还有为数不多的牛奶，但青蛙们已经感到了灭顶之灾。一只青蛙想：完了，完了，全完了，这么高的一只牛奶罐啊，我是永远也出不去了。于是，它很快就沉了下去。另一只青蛙在看见同伴沉没于牛奶中时，并没有任自己沮丧、放弃。而是不断告诫自己："上帝给了我坚强的意志和发达的肌肉，我一定能够跳出去。"于是，它每时每刻都在鼓起勇气，鼓足力量，一次又一次奋起、跳跃——生命的力量与美充分地展现在它每一次搏击与奋斗里。不知过了多久，它突然发现肢下黏稠的牛奶变得坚实起来。原来，它的反复践踏和跳动已经使液状的牛奶变成了一块奶酪！不懈地奋斗和挣扎终于换来了自由的那一刻。它从牛奶罐里轻盈地跳了出来，重新回到绿色的池塘里，而那一只沉没的青蛙就那样留在了那块奶酪里。

犹太商人在经商中常常会遇到各种危难情景，却又无能为力，这时他们唯一的办法就是咬紧牙关，相信一切都会过去。如果你好好审视历史上那些成大功、立大业的人物，就会发现他们都有一个共同的特点，不轻易为危机、失败所打败而退却，不达成他们的理想、目标、心愿，就绝不罢休。

肯德基炸鸡连锁店的创办人桑德斯上校，是在年龄高达65岁时才开始创业的。他展开挨家挨户的上门推销，把想法告诉每家餐馆："我有一份上好的炸鸡秘方，如果你能采用，相信生意一定能够提升，而我希望从增加的营业额里抽成。"很多人都当面嘲笑他，这并没有让桑德斯上校打退堂鼓。他从不为前一家餐馆的拒绝而懊恼，反倒用心修正说词，以更有效的方法去说服下一家餐馆。

在经历1009次被拒绝之后，桑德斯上校终于听到第一声"同意"。在过去两年时间里，他驾着自己那辆又旧又破的老爷车，足迹遍及美国的每一个角落。困了就和衣睡在后座，醒来逢人便诉说他那些点子。历经1009次的拒绝，整整两年的时间，有多少人还能够锲而不舍地继续下去呢?

做事要多进行一次尝试，凭毅力与弹性去追求所企望的目标，最终必然会得到自己所要的。因此，你做什么事可千万别在中途便放弃希望。

第四章　靠沟通技巧征服客户的心

——犹太商人生意经四：掌握有效沟通的技巧

每时每刻都向外界推销自己

犹太商人生意经要诀

每天都要做推销工作，推销自己的创意、计划、精力、服务、智慧。善于推销自己，是与人相处和睦的能力。注意关切周围的各种人，让他们也关心着自己、容纳自己，从这个阶梯开始，通向成功的目标。

《成功地推销自我》的作者，犹太人霍伊拉说："如果你具有优异的才能，而没有把它表现在外，这就如同把货物藏于仓库的商人，顾客不知道你的货色，如何叫他掏腰包？各公司的董事长并没有像X光一样透视你大脑的眼睛。积极的方法是自我推销，如此才能吸引他们的注意，从而判断你的能力。"

当然，由于传统观念根深蒂固，一般人都有一种极其矛盾的心态和难以名状的自我否定、自我折磨的苦楚。在自尊心与自卑感冲撞之下，他们一方面具有强烈的表现欲，一方面又认为过分地出风头是卑贱的行为。可是时代不同了，想做大事业，就应该更新观念，大胆地推销自己。

犹太人认为，在一个人的一生中，每天都在做着推销的工作。向别人推销自己的说法，道出了犹太人经商的一招制胜法。它的核心是给人好感，用善意温和的态度与人交往，那么别人也会以礼相报，生意就容易达成了。只有成功地推销自我才可以出人头地。否则，必是人生事业的失败者。

英国前首相撒切尔夫人，在访问阿曼、科威特等国时，大谈生意，为本国厂商带回大批订单；日本前首相中曾根，在走访五大洲的30多个国家时，也乐此不疲；至于各国的驻外使节，都在不同程度上充当本国产品的出口商。

犹太人认为，推销自我是指推销自己的创意、计划、精力、服务、智慧和时间。善于推销自己，是与人相处和睦的能力。根据心理学家的研究，认为人类的内心都有被人注目、受人重视、被人容纳的愿望。不管是欧洲人、美洲人、亚洲人、大洋洲或非洲人，只要是人类，都有这种愿望。

犹太人根据这种共同规则，在一切生活中，包括做生意的一切过程中，注意关切周围的各种人，让他们也关心着自己、容纳自己，从这个阶梯开始，通向成功的目标。

犹太人这种处世原则是有其根据的，人类都有其基本愿望，概括地说，有保持自尊、自立的愿望。如要达到自己事业的成功或发财致富，就要尊重这些基本愿望。

犹太人本着这种和顺办法，运用了三条推销法则：

第一条法则：把自己的创意或建议变成对方的，这也称为“钓鱼法”。即把你的创意或建议变成钓饵，对方会自然而然地上钩。比如说，你想让对方接受你的意见，以“你这样想过吗”的说法，要比“我是这样想的”更能打动对方，“试一试看看如何”的说法比“我们非这样做不可”更能获得对方赞同。这就是让对方觉得你的意思就是他的本意，他的自尊得到接纳，那么你的创意或建议就容易被采纳。

第二条法则：让对方说出你的意见。西方人也很讲究面子，所以提出意见要注意这个问题。如果毫不客气地给对方提出你的意见，出于“面子”问题，对方往往会本能地不予接纳。相反，你采用和顺婉转的方式提出，对方的“面子”堤围可能会自然开闸。如果你以冷静而温和的方式提出你的意思，然后说“虽作如是说，但可能有许多不当之处，不知你对这方面考虑的意见怎样”。这么一说，对方可能会完全接纳你的意思，并可能会说“我也是这样考虑的，请你不必有多余的顾虑”。

第三条法则：以征求意见代替主张。根据心理学家的反复调查研究结果，一个人向对方表达同样的意见，如果以正面而断然的方法说出，较容易激起对方的逆反感情，如果以询问的方式向对方提出主张的话，对方会以为是自己的意思，不自觉地欣然接受了。可见，方式方法的不同，同样的意思会产生截然不同的效果。

学会赞美对方的优点

犹太商人生意经要诀

如果你能以诚挚的敬意和真心实意的赞扬去满足一个人的自我，那么任何人都可能会变得令人愉快、更通情达理、更乐于协力合作。赞美是不会被人们拒绝的，一句恰当的赞美犹如在银盘上放一个金苹果，使人陶醉。

犹太人认为，每一个人都希望得到别人的赞美。这是人的本质，人生来都渴望他人的赞赏。的确，一句赞美的话会暖和对方的心，赢得对方的信任，建立良好的人际关系，你的生活和事业也会更美好。无论家人、朋友，还是同事，谁做了值得赞美的事，请不要吝惜赞美他。

请看下面3个例子：

其一，犹太人巴密娜·邓安负责监督一名清洁工的工作，这位清洁工做得很不好，许多员工常常讥笑他，还故意把纸片或其他废物扔到走廊里，表明他的工作质量极差。这也给他造成心理压力，他实在没有信心做好工作。

巴密娜试过各种方法让这名清洁工做好工作，但都失败了。不过她发现这名清洁工有时也能把一个地方打扫得很干净。于是她就抓住时机在众人面前大加赞扬他，这种方法很有效，他的工作有了改进，不久他的工作做得很好，也赢得了其他人的高度赞扬。

巴密娜找到了激励人的最好方式，她也试着赞扬和鼓励其他人，效果也非常好。她真正体会到真诚的赞扬可以收到最佳效果，而批评和耻笑往往把事情弄糟。

其二，麦当劳在日本的发展得力于日本犹太人藤田。藤田为人真诚，与员工打成一片，他能喊出每个员工的名字。一旦员工做了好事，不管事大事小，他都给予表扬。

有一年夏天，天特别热，温度高达32℃，有一群孩子在麦当劳户冢分店前进行募捐活动，没过多久，几个孩子实在受不了炎热的天气，纷纷倒下了，该分店的经理看到了这种情况，立刻给孩子们送去了可口可乐。孩子们喝了后，渐渐地又恢复了体力。这件事很平常，他们没有向藤田汇报。后来，有一个孩子给藤田写了一封感谢信，藤田才知道这件事。藤田马上公开表扬了那位经理。

藤田一向认为经营者一定要经常表扬他的员工，即使微不足道的小事，也应给予表扬，因为只有这样，才能满足员工的成就感，激发他的工作热情。

其三，有一次，犹太人玛丽被邀请参加一个高层次的制造商年会，晚上，她还参加了他们的颁奖宴会。在会上，她发现好几个经销商穿着海军蓝的运动夹克衫，而且他们穿得很不合身，很显然，这些衣服做工太粗糙，没有考虑到穿衣人的身形。

玛丽觉得很纳闷，这么高层次的颁奖宴会，那几个经销商怎么穿那么别扭的衣服。于是她就问他们公司的一位主管："他们为什么要穿这种蓝夹克衫？"

"噢，他们是我们公司销售业绩最优的人。"对方回答说。

宴会上，从头到尾她都等着有人出来致辞，表扬那些穿蓝夹克衫的人。最后，有一位著名演员出来表演了一个节目，接着许多气球从天花板上纷纷飘下，她以为马上就要颁奖，结果，她又错了，晚宴到此结束了，客人们纷纷都走了。

玛丽惊讶不已，禁不住问那位主管："你们颁给那些经销商的奖品在哪里呢？”

“噢，他们早都收到，就是那些我们早已寄到他们家中的蓝夹克。”

玛丽觉得不可思议，她很难相信一个公司举行颁奖宴会却不公开表扬那些得奖人。在她的公司却不是这样，她从来都不会放过表扬员工的机会，而且她往往要让那些优秀的员工站在台前接受掌声，她认为这么做比在家里独自受奖品光彩得多了。

玛丽公司有一份刊物《掌声》，专门表扬那些优秀的工作人员，这份刊物全部用彩色纸印刷，发行量可以与全国性杂志相媲美。这份刊物往往主要报道那些在销售、招募和小组工作上有特殊成就的人，常常附有照片，并突出他们的特殊成就。这种表扬方式取得很好效果，员工的积极性和创造性大大提高了。

在你赞美对方时，要掌握一定的技巧和原则。了解对方心理是赞美的前提条件。赞美是要满足对方的自我，不了解对方的心理，便难以获知他需要什么，乱赞一通，只会适得其反。因此，你要洞悉对方的喜好，让他听到自己渴望听到的评价。

1. 选择对方最喜欢或最欣赏的事和人加以赞美

打动人心的最佳方式是跟他谈论他最珍贵的事物，当你这么做时，不但会受到欢迎而且还会使生命扩展。切忌对无中生有的事加以赞美，若你这样做，会使人们感觉到你是在“溜须拍马”，而心生厌恶感。

2. 赞美一定要显得自然

赞美必须是由衷的，虚情假意的恭维不仅收不到好效果，甚至会招惹麻烦。赞美是为了使对方感到高兴。因此，你赞美的话一定要显得自然，千万不要矫揉造作。如果你的用词没有把握好分寸，就达不到使对方舒适的效果。因此，直接赞美时最好不要使用那些过分的用语，要既准确又得体，尽量显得优雅大方。

3. 赞美对方时最重要的是要真诚

一副冷漠的面孔和一张缺乏热情的嘴是最令人失望的，因此，赞美对方时最重要的是要热诚。每个人都珍视真心诚意，它是人际交往中最重要的尺度。英国专门研究社会关系的卡斯利博士曾说过：大多数人选择朋友都是以对方是否出于真诚而决定的。一两句敷衍的话，立刻会被人发觉你的虚伪，而且，毫无根据的赞美，也会让对方觉得你不怀好意，进而引起他对你的防范。

4. 赞美对方必须具体而恰如其分

因为赞美时越具体明确，其命中率就越高。我们赞扬对方时不一定非是一件大事不可，而对方的一个很小的优点或长处，只要我们能给予恰如其分的赞美，同样能收到好的效果。

5. 赞美对方应具有独到之处

对方经常听到相同的赞美，已经麻木了，一般不会心动，有时甚至会感到说话的人只不过是已经形成习惯了而已，所以，要想使赞美真正起作用，就应该尽量使自己的赞美新颖一些，与对方有可能经常听到的赞美有所不同，因为新鲜的东西更能引起人的重视。

6. 赞美对方要找准时机

要善于把握时机，该赞美时应及时赞美。不要在赞美对方时同时赞美其他人，除非是对方喜欢的人，即使你赞美他人也是给对方作铺垫，而且要适时适度。赞美要选准时机，否则，即使你再富有诚意，也可能造成负面的效果。

真诚和友善是最管用的说服本领

犹太商人生意经要诀

人与人的感情交流具有互动性。你如果要想与人成为知心朋友，首先得敞开自己的胸怀。要讲真话、实话，切忌遮遮掩掩、吞吞吐吐、令人怀疑，以你的真诚去换取别人的真诚。

犹太法典上说：“温和与友善总是比愤怒和暴力更有力。”因而，犹太人认为要说服他人，首先自己要有真诚和友善的态度。

真诚是为人的根本。那些取得巨大成功的人都有许多共同的特点，其中之一就是为人真诚。如果你是一个真诚的人，人们就会了解你、相信你，不论在什么情况下，人们都知道你不会掩饰、不会推托，都知道你说的是实话，都乐于同你接近，因此也就容易获得好人缘。

一则寓言说，有一次，太阳和风相遇，它们争吵起来，都认为自己比对方厉害，但是谁也不能说服谁。最后，风说："我来证明一下我的本领。你看到那个穿大衣的老头了吗？我打赌我能比你更快地让他脱下大衣。"

太阳躲到云后，风开始施展它的本领，它愈吹愈大，疯狂地奔向老人，但是老人紧紧地裹住大衣，蹒跚地前进。风一看这种情况，非常生气，立刻狂风大作，愈吹愈急，但还是无济于事，最后风灰心丧气地败下阵来。

风渐渐平息了，太阳从云后露出了笑脸，开始以温暖的微笑照着老人。不久老人开始擦汗，脱掉了大衣。

你看，风的狂怒根本没有解决问题，而太阳的友善赢得了胜利。可见，人们总是乐于接受温和友善的人。

1915 年，小约翰·洛克菲勒成为科罗拉多州最受轻视的人。工人为了争取自身利益，要求科罗拉多州煤铁公司提高工资，愤怒而粗暴的工人捣毁了厂房，砸坏了机器。政府最后出动军队镇压，发生多起流血事件，罢工者被枪杀，尸体遍布街头，场景极其残忍和野蛮。这次罢工持续了两年之久，成为美国工业史上最血腥的一次罢工。

在那种充满仇恨的气氛下，作为公司的所有者洛克菲勒尽力平息工人的愤怒，希望他们接受他的意见。他先花了几个星期的时间深入到工人家中，尽管遭到一些工人的拒绝，他仍顶着巨大压力走访每一个受害家属，与他们成为朋友，然后他对工人代表发表了精彩演讲。

"今天是我一生最值得纪念的日子，"洛克菲勒开始说，"这是我第一次有幸会见这家伟大公司的劳方代表、职员和监工，大家会聚一堂，商讨公司的未来发展。我可以告诉各位，我很荣幸到这里与大家会面，在我有生之年我不会忘记这场聚会。

“这场聚会如果在两个星期前举行，我对今天到会的大多数人将一定很陌生，我只认得几张熟悉的面孔。上周我有机会去南区煤矿所有的工棚视察了一遍，与各位代表进行过个别谈话，除了不在场的代表，统统见过面了。我拜访过你们的家庭，见过各位的妻子和儿女，今天我们以朋友的身份相互见面，我们不再是陌生人了，我们之间已经有了友善互爱的精神，我很高兴有机会与各位代表讨论我们共同的利益问题。

“既然聚会应由厂方职员和劳工代表共同参加，我能来此参加聚会，多谢大家的支持。因为我既非劳工代表，也不是厂方职员，但是我觉得我与你们的关系十分亲密，因为就某一方面来说，我代表了股东和董事们。”

面对几天前想把他吊死在酸苹果树上的工人们，洛克菲勒言辞恳切，他的话比传教牧师还要谦逊和蔼，他用了一些能拉近彼此关系的句子，如“我很荣幸到这里与大家会面”“我拜访过你们的家庭”“见过各位的妻子和儿女”“今天我们以朋友的身份相互见面”。这场演讲太精彩了，取得了良好的效果，不仅平息了要吊死洛克菲勒的仇恨风暴，而且还赢得不少崇拜者。

洛克菲勒向工人提供了充足的事实，说明公司面临的处境，友善地劝说工人们回去工作，工人们接受了他的意见，暂时不再谈提高工资的事，一场愤怒就这样平息了。

洛克菲勒友善地化解了公司与工人之间的矛盾，他没有和工人争论，没有用政治的干预吓唬工人，也没有用严密的逻辑论证他们错了，假如那样的话，只能导致更多的仇恨和反抗。洛克菲勒巧妙地运用“以柔克刚”原理以友善和蔼的态度化解了工人的愤怒，最后化敌为友。

友善的态度在交往中非常有效。还有一个故事说，犹太工程师史德柏希望他的房东能够降低房租，但是他的房东很难缠，许多人都做过这方面的努力，都以失败告终。大家得出一致结论：房东太难打交道，不近人情。

史德柏决定试一试，他给房东写了一封信，说合同一到期，他将搬出去，事实上他不想搬走，如果房租能降低的话，他仍然想租下去。没过几天，房东就带着他的秘书来找史德柏。史德柏以友善的方式在门口欢迎他，非常热情。

史德柏并没有立即谈论房租太高，而先强调自己多么喜欢他的房子，称赞他管理有方，希望能再住一年，可是房租有点儿太高。

房东从来没有遇见过一个如此热情而真诚的房客，他简直不知怎么办才好。他开始向史德柏诉苦，其中有一位房客给他写过14封信，有些信言词极其粗鲁，太伤他的自尊心；还有一位房客威胁他，如果他不制止楼上那位打呼噜的房客，就要退租。

“有你这样满意的房客，我真是太轻松了。”他高兴地说。

房东在史德柏没有提出要求之前，就主动提出减收一点租金。史德柏希望再少一点，说出他能负担的数目，房东一句话也不说就同意了。“有没有需要装饰的地方？”他刚要离开时，转过身来问史德柏。

史德柏后来谈了这件事，他说：“如果我用其他房客的方式要求减低房租的话，我相信我一定也会遇到相同的阻碍，我之所以会成功恰恰就是因为我的友善、同情和赞扬。”

真诚无私的品质能使一个外表毫无魅力的人增添许多内在吸引力。人格魅力的基本点就是真诚。待人心眼实一点，守信一点，能更多地获得他人的信赖、理解，能得到更多的支持、帮助和合作，从而获得更多的成功机遇，最后脱颖而出，点燃闪亮人生。

心理学研究指出，任何人的内心深处都有内隐闭锁的一面，同时又有开放的一面，希望获得他人的理解和信任。不过，开放是定向的，即只向自己信得过的人开放。以诚待人，能够获得人们的信任，发现一个开放的心灵，经过努力得到一位用全部身心帮助自己的朋友。这就是用真诚换来真诚，如果人们在发展人际关系，与人打交道时，去除防备、猜疑的心理，代之以真诚同别人交往，那么就能获得出乎意料的好结果。

人与人的感情交流具有互动性。一个人如果要想与人成为知心朋友，首先得敞开自己的胸怀。要讲真话、实话，切忌遮遮掩掩、吞吞吐吐、令人怀疑，以你的真诚去换取别人的真诚。人与人之间融洽的感情是心的交流。肝胆相照，赤诚相见，才会心心相印。

岁月的流逝，时代的变迁，并没有减弱“真诚”在友谊宫殿中的光泽。我们在生活中应充满真诚，离开了真诚，则无友谊可言。一个真诚的心声，才能唤起一大群真诚人的共鸣。

不要向别人要求自己也不愿做的事

犹太商人生意经要诀

不要向别人要求自己也不愿做的事，注重和气是人人得益的道理。不可恶化与四邻的关系，否则必会受到排斥。不要播种仇恨，把人与人的关系处理好，是事业成功和发财致富的一种技巧。

犹太文化强调人与人之间要有健康而友善的关系。《塔木德》对犹太伦理讲得更具体了。该书讲述了一个事例：

一次，有位拉比要召集6个人开会商量一件事，邀请他们第二天来。可是，到了第二天却来了7个人，其中肯定有一个人是不邀自来的。但是拉比又不知道究竟是这7个人中的哪一位。于是，拉比只好对大家说：“如果有不请而来的人，请赶快回去吧！”

结果，7个人中最有名望、大家都知道一定会受到邀请的那人却站了起来，然后快步走了出去。

大家都很明白，这位有名望并已被邀请的人为他人背了黑锅。但这个人也明白，7个人中必定有一个人未受邀请，而这个人既然已经到这里了，却要他承认不够资格而退回去，是件令人难堪之事。因此，这位有资格的人挺身而出，宁愿自己名义上受点影响，保护那个不请自来的人的自尊心，让他混迹其中。

那位有名望的人用心良苦，他能设身处地为他人着想并采取巧妙的行动，正体现了“不要向别人要求自己也不愿做的事”那种精神。

但是，《塔木德》编选这个故事除了褒扬那种帮助别人的精神外，更深一层的意思是，这个有名望的人的举动表面上看来令他“背黑锅”，而实际上使他的声望更高了。《塔木德》编选这个故事，意在讲明帮助别人、注重和气是人人得益的道理。

犹太人在其民族文化的影响下，再加上其长久的流离失所的状况，普遍形成一种“谦和”的耐性。犹太商人就善于利用自己的这一耐性，在经商的一切活动过程中充分发挥“和气”的作用。这种和气的仪表，在人际交往之间确有融合剂的作用，它很容易把对方吸引住。

按理说，像犹太人这样被人驱来赶去、朝不保夕的民族，“应该”在生意场上形成一种与此相应的“打一枪换一个地方”的短期策略和流寇战术。然而，犹太商人不但绝少有这类劣迹，相反，信誉卓著，他们所经营的商品也都属质量上乘。究其原因，除犹太商人的文化背景，如素以“上帝的选民”自居，不屑于做“一次性”买卖，有重信守约的习惯等之外，更有可能是从民族流动不定的生存状态与商业活动的规律之结合中，悟出了什么是真正的经商之道。

犹太商人是在四邻不太友好的眼光注视下演进到今日的，他们特别知道不可恶化与四邻的关系，否则必会受到排斥。历史上，犹太社群的精神领袖拉比就曾一再告诫同胞，不要播种仇恨。

从这样一种生存大策略上，犹太人总结出了和善处世的秘诀。

好脾气让你经商受益

犹太商人生意经要诀

对商人来说，没有什么比陷入突如其来的怒气中更能造成灾难的了，而习惯性的自我克制能带来平静和财富并免除激烈的争执。忍耐需要有好脾气，这对商人很重要。

《塔木德》上说：“纯洁简朴的生活、良好的道德和快乐的天性，要胜过医生或药品所能为我们提供的一切。”

因而，犹太人认为，一个人应当从小就养成忍耐、平和而安宁的性情，对自己的一切都能乐天知命，使自己的身体始终处于和谐的状态，避开疾病的侵扰。

忍耐需要有好脾气，这对商人很重要。一则笑话说，有位在政党里崭露头角的候选人，去一位政界要人那里学习他政治上取得成功的经验，以及如何获得选票。

这位政界要人向他提出了一个条件，他说："你打断一次我说话，就得付5美元。"

候选人说："好的，没问题。"

"那什么时候开始？"政客问道。

"现在，马上可以开始。"

"很好。第一条是，对你听到的对自己的诋毁或者污蔑一定不要感到愤恨，随时都要注意这一点。"

"噢，我能做到。不管人们说我什么，我都不会生气。我对别人的话毫不在意。"

"很好，这就是我经验的第一条。但是，坦白地说，我是不愿意你这样一个不道德的流氓当选……"

"先生，你怎么能……"

"付5美元。"

"哦！啊！这只是一个教训，对不对？"

"哦，是的，这是一个教训。但是，实际上也是我的看法……"

"你怎么能这么说……"

"付5美元。"

"哦！啊！"他气急败坏地说，"这又是一个教训。你的10美元赚得也太容易了。"

"没错，10美元。你是否先付清钱，然后我们再继续？因为，谁都知道，你有不讲信用和赖账的'美名'……"

"你这个可恶的家伙！"

"再付5美元。"

"啊！又一个教训。噢，我最好试着控制自己的脾气。"

"好，我收回前面的话，当然，我的意思并不是这样。我认为你是一个值得尊敬的人物，因为考虑到你低贱的家庭出身，又有那样一个声名狼藉的父亲……”

“你才是个声名狼藉的恶棍！”

“请付5美元。”

为了学会自我克制的第一课，这个年轻人为此付出了高昂的学费。

然后，那个政界要人说：“现在，就不是5美元的问题了。你要记住，你每一次发火或者你为自己所受的侮辱而生气时，至少会因此而失去一张选票。对你来说，选票可比银行的钞票值钱得多。”

这则故事对商人处世很有借鉴意义。

对商人来说，没有什么比陷入突如其来的怒气中更能造成灾难的了，而习惯性的自我克制能带来平静和财富并免除激烈的争执。

在洛克菲勒的轶事中，曾有一位不速之客突然闯入他的办公室，直奔他的写字台，并以拳头猛击台面，大发雷霆：“洛克菲勒，我恨你！我有绝对的理由恨你！”接着那暴客恣意谩骂他达几分钟之久。办公室所有的职员都感到无比气愤，以为洛克菲勒一定会拿起墨水瓶向他掷去，或是吩咐保安员将他赶出去。

然而，出乎意料的是，洛克菲勒并没有这样做。他停下手中的活，和善地注视着这一位攻击者，那人愈暴躁，他就显得越和善！

那无理之徒被弄得莫名其妙，他渐渐平息下来。因为一个人发怒时，若遭不到反击，他是坚持不了多久的。于是，他咽了一口气。他是准备好了来此与洛克菲勒做争斗的，并想好了洛克菲勒要怎样回击他，他再用想好的话去反驳。但是，洛克菲勒呢，就像根本没发生任何事一样，继续他的工作。洛克菲勒就是不开口，所以他也不知如何是好了。

末了，他又在洛克菲勒的桌子上敲了几下，仍然得不到回响，只得索然无味地离去。

谈判时要摸清对方底细

犹太商人生意经要诀

谈判是一种不必借助武器的战争，三言两语可以造成极大的杀伤力，亦可轻而易举地征服人心。在任何商业谈判前都先做好周密的准备，广泛收集各种可能派上用场的资料，甚至对方的身世、嗜好和性格特点，使自己无论处在何种局面，均能从容不迫地应付。

犹太商人十分注重商业谈判技巧，所以他们的生意成功率较高。犹太格言说："与其迷一次路，不如问十次路。"这说明犹太人在行动前总要把目标方向了解清楚，不主张贸然行动。

美国总统尼克松在一次访问日本时，犹太人基辛格作为美国国务卿同行。尼克松总统在参观日本京都的二条城时，曾询问日本的导游小姐大政奉是哪一年?

那导游小姐一时答不上来，基辛格立即从旁插嘴:"1867年。"

这点小事，说明基辛格在访问日本前已深深了解和研究过日本的情况，阅读了大量有关资料，以备不时之需。

在犹太人的观念中，谈判是一种不必借助武器的战争，三言两语可以造成极大的杀伤力，亦可轻而易举地征服人心。正因为有这种观念，犹太人在任何商业谈判前都先做好周密的准备，广泛收集各种可能派上用场的资料，甚至对方的身世、嗜好和性格特点，使自己无论处在何种局面，均能从容不迫地应付。

犹太商人在商务谈判前一定要了解顾客的基本需要，然后针对顾客的需要而努力设法满足它。对广大顾客来说，生活上的需要，工作上的需要，精神上的需要，是基本的需要，是必不可少的需要。当然，不同的顾客在这三方面的基本需要，又有轻重缓急之分。

犹太商人善于针对顾客的基本需要，设法对顾客表示出关心。他们不光谈商品、交易，还根据洽谈气氛，适时地谈谈顾客生活上的爱好，精神上的追求，工作上的兴趣、志向及成就，等等。如果他们了解到顾客对这些内容感兴趣，就会顺水推舟地同其侃谈。这样使得气氛融洽了，也就容易与交易联系起来。

有一家以色列公司与日本商人洽谈购买国内急需的电子机器设备。日本商人素有“圆桌武士”之称，富有谈判经验，手法多变，谋略高超。犹太人在强大对手面前不敢掉以轻心，组织精干的谈判班子，对国际行情做了充分了解和细致分析，制订了谈判方案，对各种可能发生的情况都做了预测性估计。犹太人尽管做了各种可能性预测，但在具体方法步骤上还是缺少主导方法，对谈判取胜没有十分把握。

谈判开始时，按国际惯例，由卖方首先报价。报价不是一个简单的技术问题，它有很深的学问，甚至是一门艺术，报价过高会吓跑对方，报价过低又会使对方占了便宜而自身无利可图。

日方对报价极为精通，首次报价1000万日元，比国际行情高出许多。日方这样报价，如犹太人不了解国际行情，就会以此高价作为谈判基础，因日方过去曾卖过如此高价，有历史依据，如犹太人了解国际行情，不接受此价，他们也有辞可辩，有台阶可下。

犹太人已了解了国际行情，知道日方在放试探性的气球，果断地拒绝了日方的报价。日方采取迂回策略，不再谈报价，转而介绍产品性能的优越性，用这种手法支持自己的报价。

犹太人不动声色，旁敲侧击地提出问题：贵国生产此种产品的公司有几家？贵国产品优于A国、C国的依据是什么？用提问来点破对方，说明犹太人已了解产品的生产情况，日本国内有几家公司生产，其他国家的厂商也有同类产品，犹太人有充分的选择权。

日方主谈人充分领会了犹太人提问的含意，故意问他的助手：“我们公司的报价是什么时候定的？”这位助手也是谈判的老手，极善于配合，于是不假思索地回答：“是以前定的。”主谈人笑着说：“时间太久了，不知道价格有没有变动，只好回去请示总经理了。”犹太人也知道此轮谈判不会有结果，宣布休会，给对方以让步的余地。

最后，日方认为犹太人是有备无患，在这种情势下，为了早日做成生意，不得不做出退让。

不怕麻烦，不知道就询问

犹太商人生意经要诀

对于不清楚的每一件事，不问出头绪，决不罢休。用在商务活动中，则体现为双方都应该尽可能彼此了解。养成了一种对任何事都感兴趣并“打破砂锅问到底”的精神。

犹太商人常说:“搞清楚后再做交易。”这是经商中铁的原则。在经商中，遇到不懂的问题，犹太人一直要问到自己彻底弄清楚以后，才善罢甘休。犹太人这种问则问个水落石出的性格，在商业谈判中，也可以彻底地表现出来。

某公司总经理让助理就第一季度的工作写份工作总结，并且嘱咐说:“越详细越好。”助理把90天的工作事无巨细都写了出来，总经理看了洋洋万字的报告，只是摇了摇头。原来总经理的意思是上级要来检查工作，上季度工作面牵扯得比较多，包括产品质量、更新设备，甚至在福利待遇和环境卫生方面也做了许多工作，希望总结得详细一些。可是助理却连总经理开了几次会，副总经理出了几趟差，公司有几次请客吃饭都写得清清楚楚。

总经理面对这份报告，只能无可奈何地苦笑。批评助理吧，他的确是按照自己的意图来写的；不批评吧，报告的确不能用。没有办法，总经理只好自己重写了一遍。助理对于总经理的意图，实际上并没有心领神会，而只限于机械地简单地执行。看来，心领神会并不容易。

为了领会对方的意图，当你接受对方的指示或吩咐的时候不妨问得再清楚些。当然不要流露出畏难情绪，而是以探讨式的带有商量的口吻，把对方的意图搞得更加清楚。不要对方说了什么，就想当然地认为完全理解了。

写一份报告、出一趟差、出席一次会议，对方都会有一定的意图和指示。你首先得明白这项工作在整体工作当中处于什么样的地位，也应该明白对方正处于什么样的需求和心理状态，同时应该根据对方一贯的思想意图和工作作风来加以完整地理解。能够做到这些的人才不愧是心领神会对方意图的高手。

在领会对方意图的时候，有时需要你进一步地询问和商量，有时需要你提点补充和修改意见，有时需要你提个醒，有时需要你提供一点信息和别人的经验教训供对方参考。这样一来，如果对方采纳了或部分采纳了你的意见，而且又完善充实了自己的想法，那么你和对方之间的沟通就更为全面和完善，办起事来对对方的意图领会得肯定会更为透彻、更为全面。

一个犹太人给一位日本朋友打电话，要求借车旅行。这位日本人考虑到这位犹太朋友第一次来日本，对日本很陌生，便热情地说：

"你要到京都一带的名胜古迹去游览，我可以义务陪同。"

"谢谢你的好意，我已有足够的准备。"

犹太人借到车后，便带上地图和导游手册独自旅行去了。

几天以后，那个犹太人满面春风地回来了，他把车还给那个日本人，并请日本人一块吃饭。

饭桌上，犹太人仿佛要弥补白损失一顿饭似的，抓紧机会连珠炮似地向日本人提问：

"日本男人外出时不穿和服，为什么回到家中反而穿和服呢？"

"为什么和服的领子要白色的，白色不是最容易脏吗？"

"日本人为什么要用筷子吃饭？用勺子不是更方便吗？筷子是不是日本贫穷祖先的遗物？"

"……"

问！问！问！那个日本人被问得晕头转向，疲于应答，连饭也顾不得吃，由此可见犹太人的性格。

犹太人对于不清楚的每一件事，不问出头绪，决不罢休。用在商务活动中，则体现为双方都应该尽可能彼此了解。犹太人在尽可能了解对方方面，总是不遗余力，大有一种打破砂锅问到底的气概。

比如：日本人出国旅行时，在导游的陪同下，参观了名胜古迹后，就都满足了。这多半是因为尚未从学生时代的修学旅行的习惯中脱离出来的缘故，也可以说是喜爱幼稚型旅行的表现。

这样，即使到欧美各国去旅行，也一眼分辨不出谁是英国人，谁是法国人，谁是美国人和意大利人。连形象特征都分辨不清，那么要理解该国的国民生活，则更是难上加难。尽管如此，日本人仍然玩得很开心。

正如日本人分不清白皮肤人种一样，白种人要分清黄皮肤人，也是极其困难的。大部分白种人跟日本人一样，不愿下功夫去辨认。但是，犹太人却不同，他们对名胜古迹兴趣不浓，而对其他人种、其他国民的生活和心理、历史，则表现出超过专家的好奇心，甚至希望了解到这个民族未公开的东西。

犹太人每到一处旅游之前必定下很大工夫去了解该国的历史、地理、风土人情、宗教习惯，乃至旅游中出现的各国人种都要分辨得清清楚楚。犹太民族由于2000多年的流散和惨遭迫害，迫使他们出于自卫的本能而不得不详细地研究各国的民族性，然后才能“对症下药”求得生存。正是这一历史的原因，使他们无形中养成了一种对任何事都感兴趣并“打破砂锅问到底”的精神。

犹太人从来不耻下问，正是这种“打破砂锅问到底”的精神，才使犹太商人掌握了渊博的知识，成为世界公认的第一商人。

不要让仇恨的怒火烧伤自己

犹太商人生意经要诀

不要因为你的仇人而燃起一把怒火，烧伤你自己。仇恨别人是毫无意义的，付出的代价太高了。宽容大度，能使伤害你的人感到无地自容，激起他灵魂的真正震撼，同时，又终止了冤冤相报的恶性循环。

犹太人乔治·罗纳在二战时被迫逃往瑞典，之前他曾在维也纳当过很多年的律师，人生阅历和生活阅历都很丰富。到了瑞典，他已身无分文，他必须找一份工作养活自己。他学过好几种外语，既能说又能写，因而他想到一家进出口公司找份秘书工作。他给很多公司写信，谈了自己的想法，绝大多数公司回信告诉他，现在处于战争时期，他们不需要这类职员，不过他们已把他的名字存入档案。其中有一封回信这样写道："你对我生意的了解完全错误，你既错又笨，我根本不需要任何替我写信的秘书。即使需要，我也不会请你，因为你甚至连瑞典文都写不好，信里全是错字。"

乔治·罗纳读完这封信后简直要疯了。这个人也太讨厌了，他自己的瑞典文写得狗屁不通，错误百出，还有资格指责别人，太狂妄了。于是他也写了一封信，气气那个讨厌的家伙。他转念又想：等一等，我怎么知道这个人说的不对呢？我学过瑞典文，可是它不是我的母语，或许我真犯了很多我不知道的错误。如果这样的话，我想找到一份工作，就必须努力学习。这个人可能帮我一个大忙，尽管他本意并非如此。他用这种难听的话表达意见，或许自有他的道理，我应该写封信感谢他一番。

可见，正如莎士比亚所言："不要因为你的仇人而燃起一把怒火，烧伤你自己。"所以我们要向乔治·罗纳学习，心平气和地面对你不喜欢的人。

犹太人麦克洛就是这样一个出色的人。他是美国电话电报公司的创始人，他所创立的这家公司营业额高达 796.1 亿美元，拥有近 889 亿固定资产，近 30 万人的雇员。

麦克洛出生在一个普通的工人家庭。为了谋生，他 10 多岁便到火车站做勤杂工，老实厚道的麦克洛经常受到工友们的愚弄，他像相信自己一样去相信每一个人，所以捉弄他的人都会得逞。

有一次，当时炎炎的烈日烘烤着大地，地面热得像个蒸笼，车站上的工人个个汗流浃背。于是他们便找了一处阴凉的地方休息。大家觉得无聊，看见正在擦汗的麦克洛就在不远处，便拿他来寻开心。一个名叫贝格伦斯的工头对麦克洛说："今天站上红灯里的油用光了，你去到离这儿一千米远的一座圆形房子里要些红油来。"诚实的麦克洛哪里知道工头是在捉弄他，接到命令后，马上就去找红油。

麦克洛顶着烈日走了1000米，终于找到了一座图形房子。那里的人一听说麦克洛要红油便回答说："你一定弄错了，我们这里从来没有红油，你还是先回去向站长问清楚吧。"

麦克洛不敢去问站长，便向同事们四处打听，大家见他如此愚笨，就胡乱地东指西指骗他。麦克洛俱信不疑，按着他们所指的方向东奔西跑。最后一位老工人实在不忍心看着麦克洛在太阳底下跑来跑去，就拉住他说："小伙子，你太老实了，大家都在骗你呢，哪里有什么红油，灯里的红光是因为靠在那儿的红色玻璃！"

听了老工人的话，麦克洛如梦方醒，但他并没有去抱怨更没有去报复骗他的人，而是反省了自己，他觉得自己太缺乏独立思考的能力了，如果自己稍加思考，或稍有些常识，或稍微怀疑一下别人，都不至于把玩笑开这么大。从此，麦克洛不但诚实待人，还学会了防止别人欺骗自己。

宽容和忍让是制止报复的良方，你经常带上这个"护身符"，可保你一生平安。因为善于宽容和忍让的人，不会被世上不平之事所摆弄，即使受了他人的伤害，也决不冤冤相报，宽容忍让会时时提醒自己："邪恶到我为止。"

当你不给别人留一点活路的时候，任何人都会进行顽强的反抗，这样双方都不会有什么好结果。因此，永远要切记"得饶人处且饶人"这一古老训条。

20世纪七八十年前的欧洲医学界，几乎没有人不知道犹太人阿·居尔斯特兰德的名字。居尔斯特兰德不仅是一位极高明的眼科医生，而且是对眼睛进行深入研究、揭开眼睛生理光学秘密的专家，1911年授予他诺贝尔医学奖时，是由物理学权威们参加审议的，这也是诺贝尔奖颁发中的一件趣事。

居尔斯特兰德是他父亲——文诺·居尔斯特兰德——的第三个儿子。老文诺也是一位眼科医生，而且很有名气，他家在瑞典的朗茨克鲁纳，这里最有钱的富豪是玛尔盖勋爵。朗茨克鲁纳海滨的面粉厂、化工厂、造船厂等等，都是玛尔盖的财富。

玛尔盖曾在贫民区创建了一所医院。贫民区原来有个小诊所，就是老文诺的眼科诊所。不但瑞典国内的患者，连北欧其他国家的患者也常慕名而来找文诺就医，可见名气之大。可玛尔盖不高兴，因为这样一来玛尔盖医院的名气就不大了。更何况老文诺以医济世，不以术致富。有人建议请文诺来玛尔盖医院主持眼科，玛尔盖以文诺没有文凭而将其拒之门外，这使得老文诺气愤至极。

后来玛尔盖发慈悲让文诺的三儿子居尔斯特兰德去医院当见习医生。居尔斯特兰德憋着一口气，想一定要干出个样子来，给父亲出出气。果然 18 岁时，居尔斯特兰德以优异成绩考入医院；5 年毕业后回到父亲的小诊所，他接替了父亲和玛尔盖医院比着干起来。就在这所小诊所里，居尔斯特兰德 28 岁获得博士学位，他的博士论文轰动了瑞典首都斯德哥尔摩，30 岁时他被任命为斯德哥尔摩眼科诊所所长。这样一来，玛尔盖开始后悔当初不应该把事情做得太绝，坏了两家的关系。

偏偏这时玛尔盖家的四小姐芬妮得了严重的眼病，他家医院里的眼科医生都束手无策，眼睁睁看着她一天天走向黑暗。玛尔盖不惜重金，把北欧各国的著名的眼科专家都请来了，然而谁也没有办法。两块黑色的云翳盖在四小姐芬妮的瞳孔上，一动手术就可能失明，不动手术等于有眼无珠，玛尔盖绝望了。最后还是芬妮自己提出：去请居尔斯特兰德。

居尔斯特兰德来了，他好像已经忘记了玛尔盖歧视、冷遇他父亲的前嫌，与对所有的病人一样，为芬妮做手术，结果成功了！重见光明的芬妮爱上了居尔斯特兰德，要将自己的终身许给他，以报答他的恩情。但是，居尔斯特兰德谢绝了。他既没有因前嫌对芬心坐视不理，也没有因治疗的成功而接受她的爱情，他离开家乡到乌普萨拉大学就任眼科教授去了。

宽容大度，能使伤害你的人感到无地自容，激起他灵魂的真正震撼，同时，又中止了你敬我回的恶性循环。更为难得的是宽容大度还带来了心理上的平静，能为你赢得宝贵的时间，把精力投入到事业中去。

和气生财

犹太商人生意经要诀

坑蒙顾客就是播种仇恨，微笑带来的则是滚滚财源。

待每一个人都满面春风。（《塔木德》）

不要认为做个成功的商人就应该是严肃的、冷酷的、不苟言笑的。其实不然，作为一个成功的商人还要“微笑”，微笑着面对生活、面对战场、面对你的敌人！笑也是一种走向成功的武器。

世界上以经商著名的犹太人对这一点就深有体会。犹太商人之所以成功，“笑”的作用可谓是功不可没。

与犹太商人打交道，你会发现，与他们的谈判通常都是以微笑开始的。

谈判那天，犹太人会十分准时地到达谈判地点，绝不让你等候，哪怕是一分钟。双方见面后，犹太人非常地谦卑，客气地向你问候。特别是他们一直保持着微笑与你交流，那甜蜜的笑容让你觉得整个世界都是美好的。然而一旦进入谈判，他们会把谈判的条件提得很高，距离双方的协议差距很远，而且为了合同上一个细小的地方会和你讨价还价。双方于是开始不停地争论，最后变成激烈的争吵。第一天谈判，双方不欢而散。

但是，第二天，犹太人又会和你约定谈判的时间和地点，他们说话的神情十分地热情和真诚，态度是那样的温和与客气，仿佛昨天的种种不愉快没有发生过一样。犹太人的态度变化如此之快，简直让人觉得不可思议，询问犹太人态度发生如此大幅度变化的原因，犹太人哈哈一笑：“人的细胞代谢得很快，昨天吵架的细胞已经被今天的温和细胞代替，所以今天没有必要再记恨嘛！”

犹太文化强调人与人之间要有健康而友善的关系。犹太历史上最著名的拉比之一希拉尔，他曾对犹太文化的精髓做过界定，他有名的主张是“己所不欲，勿施于人”。希拉尔出身贫寒，他靠自己的勤奋掌握了渊博的知识，成为犹太教首席拉比，他是犹太教徒最尊重的人，他的言论一直被人们广泛引用。据说，后来耶稣基督向其信徒训诲的言论，有许多是希拉尔的要言。可见，他的思想对犹太人影响颇深。

作为公司的老板。对待自己的属下，也要讲究以“和”为贵。

卡耐基的侄女约瑟芬曾经担任过他的秘书。年仅 19 岁的她由于没有办事经验，经常在工作中出错。这个时候，卡耐基并不是对她采取言语上的取笑或是讽刺，或对其严厉地批评，而是采用一种温和得体的方式，让她改正错误，并在以后不要再犯。

一天，约瑟芬再次犯了错误，卡耐基正想批评她，但马上又对自己说：“等一等，戴尔·卡耐基。你的年纪比约瑟芬大了一倍，你的生活经验几乎是她的一万倍。你怎么可能希望她有与你一样的观点，你的判断力，你的冲劲？虽然这些都是很平凡的。但是，你 19 岁时又在干什么呢？还记得你那些愚蠢的错误和举动吗？”

于是，在面对约瑟芬时，他这样说道：“约瑟芬，你犯了一个错误，但上帝知道，我所犯的许多错误比你更糟糕。你当然不能天生就万事精通。成功只有从经验中才能获得，而且你比我年轻时强多了。我自己曾做过那么多的愚蠢傻事，所以根本不想批评你或任何人。但难道你不认为，如果你这样做的话，不是比较聪明一点吗？”

初时，约瑟芬办事经验几乎等于零。但是现在她已是西半球最完美的秘书之一。其变化之大真是让人觉得不可思议。

可见对于员工，一定要以“和”为主。这种做法是在对方做错事后给予正确的心理安慰，它的作用是深远的、持久的！

犹太人在其民族文化的影响下，再加上其长久的流离失所的状况，普遍形成一种“谦和”的耐性。犹太商人就善于利用自己的这一耐性，在经商的一切活动过程中充分发挥“和气”的作用。这种和气的仪表，在人际交往中确有融合剂的作用，它很容易把对方吸引住。在商务活动中，实践证明它是一种促销手段。为什么这样说呢？因为人是群体动物，人与人之间能否和睦相处，对事业影响很大。企业家制造出来的商品或服务，因得人喜爱而赚钱发财；政治家开展政治工作，因得人而昌；歌唱家演唱得到观众赞赏，因得乐队的伴奏和观众的捧场而被接受……一切离不开人。犹太人领会了这一道理，就全力把人与人的关系处理好，成为他们事业成功和发财致富的一种技巧。

第五章　善于和竞争对手比巧智

——犹太商人生意经五：在聪明智慧上巧胜对手

只要是合法的生意都能做

犹太商人生意经要诀

这个世界上，并不是所有的钱都能是挣的，一定要在法律的尺度之内挣钱，在不改变法律形式的前提下，变法律为己所用。

犹太人经商的信条是："既然是钱，我就可以去赚，我关心的是钱，而不是钱的性质。"对于他们来说，只有金钱才能带来幸福和快乐。

在犹太人的眼中，钱是没有善良、罪恶之分的。他们认为，主观区分钱的性质是件荒唐的事，那样做不但浪费时间，又束缚思想。犹太人认为金钱不是丑恶肮脏的，而是一种对人类的真诚祝福，能为发财创造各种机会，能为人们创造舒适安逸的生活。每个商人都应该学习和应用各种能够赚钱的方法。

例如，《塔木德》对酒的评价并不高，深信"当魔鬼要想造访某人而又抽不出空来的时候，便会派酒做自己的代表"。这同我们日常语言中的"醉鬼"一词有异曲同工之妙：喝醉之人同鬼相差无几。因此，《塔木德》叮嘱犹太人："钱应该为买卖而用，不应该为酒精而用。"

但世界上最大的酿酒公司施格兰酿酒公司，就是为犹太人所有的。施格兰酿酒公司创立于 1927 年，到 1971 年，这个公司共拥有 57 家酒厂，分布在美国和世界各地，生产 114 种不同商标的酒和饮料。

可见，对于犹太人来说，生活在这个世界上赚钱是最重要的事，他们非常关心怎样大把大把地往自己的兜里装钞票。

再如：犹太民族极为重视立约与守约，并使之高度神圣化。在商业活动中，犹太人一贯极为重信守约。然而，善于赚钱的犹太人同样把合同视作商品来买卖。

那么，出售合同到底有什么好处呢？

合同本是商谈双方签订的约定，是规定双方必须履行的责任和所享受的权利，这是两方的事。销售合同是把这些能享受的权利让给“第三者”，连同必须履行的责任一块，条件是“第三者”得付出一定的价钱。卖合同的人相当于一个坐享其成的人，他不需要经营业务，也不需要履行合同中所指定的责任，不费吹灰之力就赚取了其中的利润。这对于会赚钱的犹太人来说，何乐而不为呢？

因此，只要他们觉得买卖双方的条件都能接受时，他们就十分乐意地把合同卖了！

现在我们常说的“代理商”就是指这种靠买合同而稳赚利润的人。犹太人称“代理商”是“贩克特”，他们把别的公司企业等业已订立的合同买下来，代替卖方履行合同，从中获利。

犹太人的“贩克特”是走遍世界的。他们一般瞄准一些信得过的大公司或大厂商。银座藤田的公司就与“贩克特”常来往。

“您好，藤田，现在您做什么生意？”犹太“贩克特”常常会问。

“嗯！刚好和纽约的高级女用皮鞋商签好输入 10 万美元的合同。”

“哇！正好，可否将此权利让给我？给您两成的现金利润。”

双方有意，于是一桩合同的买卖很快便成交了。藤田不费吹灰之力，取得两成现金利润，犹太“贩克特”也因此获得女用皮鞋输入权利，再从皮鞋销售中获取更多的利润。交易的结果，双方都笑容满面。这就是“贩克特”的快速生意，犹如“快刀斩乱麻”。

当他们双方交易拍定后，“贩克特”手持合同马上飞往纽约那家皮鞋公司，宣称10万美元输入的权利是属于他的了。他们这么做的好处是不用直接参加合同的签订，而是直接用钱购买需要的合同。

当然，做合同买卖需要非常小心谨慎，它要求“贩克特”们要有敏锐的洞察力，以减少上当受骗的损失。犹太人惊人的心算速度、渊博的知识、深邃的理解力，决定了他们是天才的“贩克特”。

此外，犹太人的生意无禁区，不仅指交易内容上无禁区，还指交易对象上也无禁区。

犹太人是一个世界民族，他们只有一种意识——难道各国政府还打算干预家庭内部的交易活动吗？

所以，这样一种经商观，理所当然是每个商人都应该学习和应用的！

经营吃的生意永不赔本

犹太商人生意经要诀

入口的东西要消化，都会化做废物排泄掉。如此不断地循环消耗，新的需求不断产生，商人可以从经营中不断赚到钱。在做生意赚钱时，就不应拘泥于世俗人情，而是应该彻底实施合理主义。

嘴巴是消耗的无底洞，地球上当今有50多亿个“无底洞”，其市场潜力非常大。为此，犹太商人设法经营凡是能够经过嘴巴的商品，如粮店、食品店、鱼店、肉店、水果店、蔬菜店、餐厅、咖啡馆、酒吧、俱乐部等等，举不胜举。

犹太人坚信，经营吃的生意绝对赚钱，他们正是利用“嘴巴生意”在异国他乡站稳了脚跟。吃的生意说白了就是“经营餐饮的生意”。犹太人把“它”列为除“女人”而外的“第二商品”。

例如，日本汉堡包店的创始人在20世纪70年代初期，与美国麦当劳快餐公司合作，向日本人提供物美价廉的汉堡包。开始经营的时候，许多日本商人都认为，在习惯于吃大米的日本推销汉堡包，不可能有市场。但犹太商人经过研究，指出日本人体质孱弱，身材矮小，这很可能与偏吃大米有关，同时他又看到，美国汉堡包店的效应正席卷全球，未来将是快餐时代。基于这两点，该犹太商人认为，同样是“吃”的商品，在美国能畅销，在日本为什么不能走红？再说，根据犹太人“嘴巴”生意经的观点来看，也绝对是赚钱的。他只要经营下去，为什么就说只能赔不能赚呢？

在这种情况下，这个犹太商人的汉堡包店开业了，第一天，果不出所料，顾客盈门，利润还大大超过这个犹太商人事先想象的程度。以后，利润有如芝麻开花节节高，一连用坏了几台世界最先进的面包机器，还是无法满足顾客的消费要求。这个犹太商人利用“嘴巴”生意发了大财！

美国一位靠经营土豆发家致富的犹太人辛普洛特，是当今世界上 100 位最有钱的富翁之一。

第二次世界大战爆发后，辛普洛特获知作战部队需要大量的脱水蔬菜。他认准了这是一个绝好的赚钱机会，于是买下了当时美国最大的一家蔬菜脱水工厂。他买到这家工厂后，专门加工脱水土豆供应军队，从这以后，辛普洛特走上了靠土豆发家的道路。

20 世纪 50 年代初，一家公司的化学师第一个研制出了冻炸土豆条，那时许多人都轻视这种产品。有的人说：“土豆水分占 3／4 还多，假如把它冷冻起来，就会变成软乎乎的东西。”可是辛普洛特却认准了这是一种很有潜力的新产品，即使冒点风险也值得，于是大量生产，果然不出所料，“冻炸土豆条”在市场上很畅销，成为他赢利的主要来源。

后来，辛普洛特发现，“炸土豆条”并没有把土豆的潜力彻底挖掘出来。因为，经过炸土豆条的精选工序——分类、去皮、切条和光传感器去掉斑点，每个土豆大概只有一半得到利用。余下的通常都被扔进河里。辛普洛特想，为什么不能把土豆的剩余部分再加以利用呢？不久，他把这些土豆的剩余部分掺入谷物用来做牲口饲料，单是用土豆皮就饲养了 15 万头牛。

1973年年底石油危机爆发了，用代用能源代替石油是形势的需要。辛普洛特瞄准这个难得的机会，用土豆来制造以酒精为主要成分的燃料添加剂。这种添加剂可以提高辛烷的燃烧值和降低汽油的污染程度，颇受用户欢迎。为了做到物尽其用，辛普洛特又用土豆加工过程中产生的含糖量丰富的废水来灌溉农田，还把牛粪收集起来，作为沼气发电厂的用料。

辛普洛特利用土豆构筑了一个庞大的帝国。他每年销售15亿磅经过加工的土豆，其中有一半供应麦当劳快餐店做炸土豆条。他从土豆的综合利用中，每年取得12亿美元的高额利润。至于后来辛普洛特究竟拥有多少财富，难以计数。

辛普洛特在总结自己一生走过的创业历程时说："我一直遵循两条简单而又明确的人生准则，一是从大处着想；二是绝不浪费财物。"的确，这两条准则正是辛普洛特一生的写照。

女人是天生的消费者

犹太商人生意经要诀

从男人身上赚钱，其难度比女人大十倍。这个世界上是男人挣钱，女人用男人的钱养家。做生意一定要掌握这一点，只有打动女人的心，才能使生意成功。

犹太人千百年来的经商经验是，如果想赚钱，就必须先赚取女人手中所持有的钱。犹太人无论是经营钻石、戒指、女用礼服、别针，还是经营项链、耳环及女式高级日用皮包等商品，都会有相当的利润。商人只要稍稍运用聪明的头脑，抓住有利的时机，以"女人"为对象来赚钱，就能不断地赚取大把大把的钞票。

犹太商人沙克尔就是一个运用"女性生意经"的好手，他靠这种独特的经商法则成了日本有名的富翁。

沙克尔在繁华的东京银座开了一家百货商店，百货商店的营业对象限定在女性身上。为了尽可能地吸引女性，他将自己的营业面积全部用上，分别针对家庭主妇和上班的小姐，把正常的营业时间一分为二，白天他摆设家庭主妇感兴趣的衣料、内裤、实用衣着、手工艺品、厨房用品等实用类商品。晚上则改变成一家时髦用品商店，将朝气蓬勃的气息带到商店，以便迎合那些年轻的女性。光是袜子就陈列了许多种，内衣、迷你裙、迷你用品、香水等，陈列的都是年轻人喜欢的样式和花样。凡是年轻女性喜欢的、需要的、能够引起她们购买欲望的商品，他都尽量满足，把它们摆在柜台上。在这里，年轻女孩子喜欢的东西可以说是应有尽有。

沙克尔的新式经营方法，果然取得了很好的效果。来他商店的人越来越多，而沙克尔不久就遇到了这样的问题：他的营业面积太小，如果完全模仿大的百货公司，做到各种花色品种都有的话，恐怕是不可能的。沙克尔面临了一次选择，要么是还维持现状，要么向专业化方向发展，只经营一类商品。他经过思索，决定将其他商品换下来，只经营袜子和内衣。

开始的时候，常来的顾客对这种经营方式不理解，但沙克尔相信自己的选择是对的，不久这间专门经营袜子和内衣的商店的名声就传开了。许多购买袜子和内衣的女性都不约而同地到沙克尔的商店来。别的商店要卖 250 日元 1 双的袜子，沙克尔尽量廉价进货，然后用每双 200 日元的价格卖出，同时将袜子的种类大量增加。沙克尔的专业经营法果然获得了成功，2 个月后，袜子的销售额增加了 5 倍，顾客也越来越多。

袜子的销路获得了成功，沙克尔如法炮制又打起了内衣的主意，他从美国进口了最流行的样式，进行巧妙的宣传。本来在内衣样式没有什么选择的当时，一旦出现新款式，马上就能引起流行。没过多久，沙克尔商店有世界上最流行的内衣的消息不胫而走，许多女性立即赶来先购为快。

沙克尔完全站在女性的角度上，使他的商店成为女性常来光顾的地方。不久沙克尔就赚了大钱，现在光分销点就已经达到 100 多家。

做生意要善于投其所好

犹太商人生意经要诀

当你与他人交往时，你要学会投其所好，尽量激起对方的急切欲望。如果你能做到这一点，你就可以不断地获得财富。

犹太人福克兰是美国鲍尔温交通公司的总裁，他的成功并没有显赫家室的支撑，而是一切靠自己白手起家。年轻时他只是鲍尔温交通公司的一位普通职员。

有一次，公司老板买了块地皮，这里的位置和各方面的条件都比较适合建造一座办公楼。可是这块土地上居住的100多户居民让老板感到很头痛。在这里生活了几十年的老住户都早已习惯了这里的一切，突然要他们搬走，他们从心理上不能接受。一位爱尔兰老妇人还主动去联合其他住户一起抵抗鲍尔温公司的决定。住户们团结一心，让鲍尔温交通公司的老板束手无策。

公司老板最后只好提出用法律来解决。年轻的福克兰想：法律固然能够解决这件事，但是公司必须支付大量的费用，况且一打官司，就会影响迁居的速度，最好能劝说住户主动搬迁。于是福克兰把工作重点放在了爱尔兰老妇人身上。

福克兰把自己的想法跟老板说了以后，老板虽有些怀疑他的能力，但还是决定让福克兰去试一试。

一天，福克兰看见爱尔兰老妇人正悠闲地坐在台阶上乘凉，便走过去。福克兰装作满腹心事地在老妇人面前走来走去。老妇人看见这样忧心忡忡的年轻人就主动问："小伙子，怎么这样烦恼啊？"

福克兰没有回答老妇人问话，而是把话题转移到了老妇人那里，他装作很可惜的样子说："您整天坐在这里无所事事，真是太可惜了。听说最近这里要拆迁，弄得大家人心惶惶的，是这样吧？你可以发挥自己的能力为邻居们找一个安乐的地方居住，一来可以打发无聊的时间，二来可以让邻居们更信赖你，佩服你。”

福克兰的话引起了老妇人欲获得尊重和赞赏的兴趣，也让她感到自己对于邻居是多么重要，于是她便四处奔波去找房子，让邻居们一家一家地有了安宁的住处。至此，鲍尔温公司的问题自然而然地解决了。不但提前解决了搬迁问题，还省了一半的花费。

还有一位犹太人卡塞尔更是这方面的高手，卡塞尔是位善于观察，善于思考，善于洞悉别人心理的大赢家。他把这些都用在做生意上。提到“霍氏耳朵”巧克力，想必大家一定不陌生吧。在超市食品橱窗里那种被咬破的耳朵形状的巧克力，就是卡塞尔发明设计的。1998 年，美国一场拳击比赛上，超级拳王泰森在和霍利菲尔德的一场拳击比赛上，咬掉了霍利菲尔德的半块耳朵，当场观众一片哗然。而后这件事被炒得沸沸扬扬，尽人皆知。卡塞尔便突发奇想，为他所属的特尔尼公司设计了耳朵巧克力，这种巧克力吸引了大量的消费者，也为特尔尼带来了大量的利润。

谁不想尝尝咬坏别人耳朵的滋味呢？尤其这种巧克力酷似霍利菲尔德的耳朵。卡塞尔这种超乎寻常的商业洞察力，给他赢来了 3000 万的年薪。

名牌产品高价出售

犹太商人生意经要诀

商品可以薄利多销，也可以厚利少销，这是一门经商的艺术。如今市场上的人们都喜欢与众不同的名牌产品，而这些名牌产品，是靠价格来培养的。名牌产品在营销中采用高额定价法，能够巩固名牌的高贵地位，保持特优的身价，维护其至高无上的优势，当然也赚取超额利润。

在美国洛杉矶市，有个生产经营珠宝首饰的犹太商人特尔曼开设的精品店，门面不大，生意也不怎么兴隆。为了搞好生意，特尔曼专门聘请的高级设计师，经过精心设计的世界最新流行款式的首饰首次上市销售。他对这一产品寄托了很大的希望，企盼一举改变自己经营不景气的状况。为此，他投入了100万美元的资金，首批生产了1000件，成本为500美元，基于打开市场的需要，他采取了低额定价策略，把每件定为800美元，这在首饰定价中算是比较低的了。特尔曼心想，凭着新颖的款式和低廉的价格，今天一定会开门大吉，发个利市。

特尔曼亲自出阵指挥，大张旗鼓地叫卖了半个月，购买者却寥寥无几。急昏了头的特尔曼铁下一条心来，每件下降50美元销售，又呼天喊地叫卖了半个月，购买者却仍不见多。向来不服输的特尔曼，这时也顾不得那么多了，干脆大甩卖吧，每件200美元，工本费都不要了，实行赔本清仓，但仍然没有几个人愿意光顾。

彻底绝望的特尔曼自认命该倒霉，索性也不再降价和叫卖了，他让人在店前挂出“本店销售世界最新款式首饰，每件500美元”的广告牌，至于能否销售出去，只好听天由命了。在繁华的闹市中，有这么便宜的东西，也可真少见。希望顾客们可怜一把。谁知，广告牌一挂出，陆陆续续来了不少购买者，兴致盎然地挑选起来。站在一旁的特尔曼这回可傻了，呆若木鸡地立在一旁。原来，他的店员一时粗心大意，在500后多加了个0，这样每件500美元就变成了5000美元了，价格一下子高出10倍，购买者反倒一拥而上，不一会儿的工夫，倒还真卖出了七八件，并且随后的销售状况是越来越好，生意空前的兴隆。1个月过去了，特尔曼的1000件首饰已经全部销售一空。差点血本全无的特尔曼，转瞬之间发了横财，高兴得他不亦乐乎。

特尔曼的世界最新款式的首饰精品，主要销售对象是那些爱赶时髦的年轻人。他们的购买心理特点是讲究商品的高档次、高质量和时髦新颖。对首饰的需求不仅讲求时新，而且讲求派头，以满足自己的虚荣心和爱美之心。虽然，特尔曼的首饰款式新颖，但因为开始定价太低，他们便误以为价低则质次，戴到身上有失体面；当后来价格抬高10倍时，他们便以为价高而货真，因而踊跃购买。

可见，经商时要多动脑筋，抓住客户的心理来运作是一条发财的捷径。

不放过多赚一美元的机会

犹太商人生意经要诀

大海之所以成为汪洋，是由于一点一滴的积聚；大富翁也是从一点一滴做起，积少成多的。当然，实行积少成多的过程中，还要具有坚忍不拔的意志和扎扎实实、埋头苦干的精神。

世界屈指可数的建筑业巨子中，犹太人比达·吉威特，就是靠积少成多的方法成为亿万富翁的。

吉威特公司的经营内容，鲜为人知，因为吉威特往往这么回答访问者："即使公司非常著名，它所承建的工程不见得就能相对增加。有关公司的经营内容，无可奉告。"

但是，这位65岁的犹太富翁，不仅称霸于建筑业界，同时在煤矿、畜牧、保险、出版、电视公司甚至新闻界，也广泛地大展宏图，获取了巨大的利润，这是各界人士共知并予以承认的。

身为大企业家的吉威特，其成功的关键就在于他那独特的经营哲学，也就是他常说的："倘若可以多赚一美元，只要有这种机会，我绝对不放弃。"

然而，仅以此为例，还不足以说明吉威特的一切，我们还要从各方面来认识吉威特这个人。

吉威特是一位完全靠自己力量成功的代表，这多少有点保守。

譬如，他为什么要经营金融公司？其主要目的是要使自己所有的子公司的资金周转及业务往来由自己的公司来经办，不肯让其他行业去“赚”这笔钱。这样经营的结果，一方面可以保证自己公司金融上的自主性，不受制于他人；另一方面又可以趁此经营金融公司，在金融业插上一脚，的确一举两得，处处得利。

再以他创办保险公司为例，凡是属于吉威特辖下的从业人员，其健康保险、寿命保险以及各子公司的业务保险等，无不归自己的保险公司承办。如此一来，不仅“肥水不流外人田”，对外营业方面亦可捞上一笔，的的确确是合算之举。吉威特建筑公司所使用的土木机械，同样是向属下的利斯公司租赁，并支付使用费及租金。总之，依据吉威特的经营哲学，任何钱都要自己赚，同时使公司的业务蒸蒸日上，则他那家建筑公司可获得更大的利润。

一般说来，承建一项工程，合同额的利润率平均是20%，但吉威特却有办法确保30%的利润。而且，吉威特对于工程费的投标，总是比其他公司低，这也早有定论。

譬如，他向美国原子能委员会所承包的俄亥俄州浓缩燃料工厂的建设工程，合同额是7.98亿美元。然而，吉威特不仅使完工日期比合同规定的缩短半年以上，还使工程费用比合同金额低2.6亿美元。

在“即使是一美元也要赚”的经营哲学下，吉威特仍然没忘掉顾客的利益，处处以顾客为重。在这种情况下，应该赚的他还是赚了，而且还树立了卓越的信誉。

有人认为吉威特在建筑业界的成功，其重要原因之一是合理而科学的投标法。他对一项工程的投标，事前必定做周详的科学方法估计，绝不用“经验”来臆测，以免遭受失败或损失。

例如在内华达州的运河与储水池建设工程招标上。投标会议在市内一家饭店中举行，这次除吉威特外，还有10多家公司参与。

投标的前一天，其他10多家建筑单位到达了。可是这家饭店所有的客房早已被先来的顾客占去，使他们找不到可住的房间。这些顾客全是吉威特带来的建筑工程人员，饭店的房间几乎全被他们包去。

在投标时，不管中标与否，只要认为是必要的，吉威特一定率领有关的工程师去参加。许多人认为吉威特中标的价格是十分公道的，那么从他慎重其事的做法来看，这种评价十分正确。

中标后订立了合同，吉威特的关心便转向另一件事，那就是如何降低比中标基准额更低的成本并依照合同质量的规定，完成这项工程。

吉威特虽然处在注重经验的土木工程界，但他对于工程管理、成本管理完全采取科学的管理方法。譬如电子计算机就是他时时运用的工具之一。整个工程日程表，几乎完全依据电子计算机而制订。土木建筑业界中，利用了电子计算机的人，恐怕要数吉威特是第一个了。

由于利用了电子计算机，使每件工程之间的衔接十分紧密。当一项工程完工而转移到另一项工程，人员和器材能够很快地迁移，使新工程能如期开工。

这种借助科学方法推动工程进度的做法，与成本具有极密切的关系，也就是说把成本降到最低限度。

吉威特所以能比其他同行在各方面多赚一美元或两美元的利润，恐怕都是这样得来的，并非因偷工减料而获得的。

敢于争夺市场，又要善于开辟市场

犹太商人生意经要诀

企业的经营，既要敢于争夺市场，又要善于开辟市场。在一个竞争对手集中的地方奋力搏杀，能够获取一席之地，实属不易。如果转换思路，避开激烈的较量，去一个新的地方开辟市场，也许会轻松便捷地取得成效。

犹太人认为，在众多的经商之路中，与众不同才是高明的成功者。善于抓住财富的人，就懂得往人少的地方去，如果某个地方只有你一个人，那岂不是意味着这里所有的财富都只是属于你一个人吗?

哈默出身于一个普通犹太移民的家庭，23岁时哈默决定去苏联经商。

哈默之所以做出这样的决定，是因为他从报刊上读到了有关新闻。他对正受到斑疹伤寒和饥荒侵袭的苏联人民深表同情，当时谁也不敢去苏联，但哈默兴高采烈地开始准备这次旅行。

他买下了一座第一次世界大战中留下的野战医院，装备了必需的医药品和器械，又买了一辆救护车，就开始出发。

他要去的这个国家早已与大多数西方人隔绝，因此在他们看来，这次旅行简直像月球探险。这样，哈默以23岁的小小年纪，踏上了一条独特的人生道路，它不仅从根本上改变了他的生活，而且也对其他人的生活带来很大影响。

哈默到苏联的第一印象是:

"人们看起来都是衣衫褴褛，几乎没有人穿袜子或鞋子，孩子们则是光着脚；没有一个人脸上有笑容，一个个都显得既肮脏，又沮丧。"

火车缓慢地行驶了3天3夜，快到伏尔加河时，进入了干旱的不毛地带。这地方霍乱、斑疹伤寒及所有儿科传染病在儿童中肆虐流行。火车离开伏尔加地区时，车上有1000人，但几天之后，车上只有不到200个身体原来最强壮的人还活着。

他很快又得知，饥荒正在迅速蔓延。成百个骨瘦如柴、饥肠辘辘的孩子敲打着从莫斯科开出的火车，乞讨食物；抬担架的人将难民车上的尸体源源不断地抬向一座公墓；从莫斯科来的代表团听到了人吃人的惨事；野狗在这些可怕的地方徘徊；吃死尸腐肉的鸟类则盘旋于头顶。

一昼夜后，视察车带着忧心如焚的乘客驶进了卡特灵堡附近的工矿区。使哈默大为吃惊的是：正如卡特灵堡成堆的皮毛一样，这里有成堆的白金、乌拉尔绿宝石和各种矿产品。

"为什么你们不出口这些东西去换回粮食呢?"他问一位

俄国人。许多人的回答都相似："这是不可能的。欧洲对我们的封锁刚解除。要组织起来出售这些货物和买回粮食，这得花很长时间。"

有人对这位美国人说，要使乌拉尔地区的人支持到下一收获季节，至少需要100万蒲式耳小麦。当时，美国的粮食却大丰收，价格跌到每蒲式耳1美元，农民宁可把粮食烧掉，也不愿以这种价格在市场上出售。

哈默于是说：

"我有100万美元——我可以办成这件事。"

他说话时的神态，仿佛是买卖老手似的。

"这里谁有权威来签合同？"

当地的政府急忙举行了一次会议，同意了此事。哈默给他的哥哥发了一个电报：要他购买100万蒲式耳的小麦，然后由轮船运回价值100万美元的毛皮和宝石，办理这笔交易后，双方都可以拿到一笔5%的佣金。

他后来写道，当时他的脑子里想的根本不是利润，他记得起来的是：成捆干柴似的尸体堆放在那里，等着被卷起来埋到壕沟一样的坟墓里；成千张儿童的面孔贴着专车的车窗，乞讨着。

这位年轻的美国人做好事的消息，比蜿蜒穿过乌拉尔的火车传得还快，列宁也得知了这一消息，对哈默和这笔交易大加赞许。

列车到达莫斯科后的次日，哈默就被召到列宁的办公室，于是，双方进行了友好真诚的长谈。

列宁感谢他对苏联的援助，并希望他能够继续合作，然后关照下属为哈默一路开绿灯，而且亲自参加双方贸易合同的草拟。

以后，哈默在苏联开办了铅笔厂、制酒厂、养牛厂等，赚了一笔又一笔的财富。

由此可见，在市场上，致富的路子虽然比比皆是，但追求致富的人更是浩如繁星，可惜许多人虽然意识到了这一点，却还是不能善于开辟市场，结果不但没能得到财富的垂青，反而浪费了自己的大好青春。

不断创新开辟新财源

犹太商人生意经要诀

经商要想保持长盛不衰，就必须随时进行自我更新，用科学技术来改造产品，以适应不断变化的市场需求。否则，因循守旧、骄傲自满、故步自封，无论你过去的历史多么辉煌，最终也会被时代发展的大潮所淘汰。

犹太人说，什么行当都能致富，只要不断创新。

亨利·彼得森是一个贫穷的犹太人，幼年父母带他移居纽约。

16 岁时，小亨利到一家珠宝店当学徒。这家珠宝店在当时纽约是小有名气的。特别是珠宝店的老板、犹太人卡辛是纽约最好的珠宝工匠之一，那些有钱的贵夫人、太太、小姐们，对卡辛的名字就像对好莱坞电影明星一样熟悉。

卡辛手艺超群，凡经过他手镶嵌的首饰都能卖很高的价钱，只是他像许多犹太大亨一样过于目中无人，言语刻薄，对其学徒更是极其严厉，有时简直到了暴虐的程度！小亨利跟着卡辛学琢石头和磨宝石，一学就是 3 年。也正是这 3 年，亨利在自己的性格、思想上得到了升华，他从一个少年走向了沉稳、成熟，也在磨炼中锻炼了自己的技艺。

1935 年秋，是彼得森创业生涯中的一个重要转折点。一天上午，一个陌生人敲开了彼得森的门，来人很客气地作了自我介绍，说他名叫哈特·梅辛格。这个名字对于彼得森来说，简直是太熟悉了！

还在他当学徒时，就知道梅辛格是最精明的犹太首饰批发商，卡辛当时对他说过的话，还记忆犹新，不论多么贵重的首饰，不经梅辛格的手是很难卖出好价钱的。虽然彼得森没见过梅辛格，但彼得森对梅辛格的敬畏和崇拜已经是很久了。

梅辛格此次来找彼得森，是为他在纽约地区的销售网长期订货的，这正是彼得森梦寐企盼、求之不得的。当梅辛格得知彼得森的手艺是跟卡辛学的，就更加信任，他授权彼得森按照自己的想法设计，按照自己的方式加工，不受别的条件的约束，为彼得森充分发挥自己的聪明才智提供了机会。

彼得森对梅辛格的订货从不马虎，每一件产品都必须亲自经过反复核对检查才敢出手，即使一点小小的纰漏，也必须多次返工，直到满意为止，他成为梅辛格的特约供应商。同时他的手艺得到了上流社会的承认，名声大噪，找他的人越来越多，他一个人实在应付不了这些工作。

正在这时候，詹姆因为与合伙人发生纠纷而分手了，彼得森就把他请来一块儿干，即使两个人合伙，仍然无法应付，于是彼得森与詹姆商议，打算建立一个小型工厂。

“特色戒指公司”创立了，但订婚戒指的生产由来已久，要想在经营上生意兴隆，就必须有自己企业的经营特色。

怎样才能闯出自己的特色呢?

经过多方面的考察，彼得森在订婚戒指图案的表现手法上动脑筋。

象征着爱情的首饰大多以心形构图，这已为广大消费者所公认和接受，彼得森也不例外；可在构图的表现手法上，彼得森就表现出了自己的独特领会：

把宝石雕成两颗心互抱状，表示一对恋人心心相连；

用白金铸成两朵花将宝石托住，表示爱情的美好与纯洁；

两个白金花蕊中各有一个天使般的婴孩，一个是男婴，一个是女婴，手中牵着拴在宝石上的银丝线，以此祝福新郎新娘未来的美满幸福小家庭……

仅这一设计就能看出彼得森独具匠心了。

然而，彼得森的匠心独运之处，还不止这些。

他做的戒指表面看是一样的，其实没有相同的，文章就在男女婴所牵的银丝线上。

那银丝线上有许多类似多股绳搓在一起的皱纹，实际上是手工镂刻出来的，“皱纹”的数目可以随意增减，这样就为购买者留出做记号的余地，例如男女双方的生日、订婚日期、结婚年龄或其他私人秘密，都可以通过银丝的“丝纹”多少表示出来。

这一成功的艺术设计为彼得森的事业打下了良好的基础，生意渐渐兴隆起来，他从加工工业过渡到自产自销。

1948年，彼得森又发明了镶戒指的“内锁法”，那是因一次加工引起的。

一个有钱人慕名来找他，那人拿出一颗蓝宝石，求他镶一枚与众不同的戒指，准备送给一个女影星做生日礼物。

彼得森知道，再在图案上下功夫是不会有什么惊人之举的，唯有在那颗宝石上打主意。这只有改变传统镶嵌一条路可走。

经过一个星期的研究试验，他发明了新的连接方法——内锁法。用这种方法制造出的首饰，宝石的90%暴露在外，只有底部一点面积像果实与花蒂那样与金属相连接。

功夫不负有心人，这项发明很快获得了专利，珠宝商们争相购买，彼得森没花本钱就赚了大笔的技术转让费。

那个女影星实际上也成了他的义务广告员了。崇拜电影明星的妇女们得知这枚戒指出自彼得森之手，都不惜花大价钱请他做首饰，她们以拥有彼得森亲手制作的首饰为荣耀。

在荣誉面前，彼得森的进取心有增无减，他不断地观察和研究戒指的构造，终于在1955年，又发明了一种“联钻镶嵌法”。

采用这种方法把两块宝石合在一起做成的首饰，可使一克拉的钻石看起来像2克拉那样大，这对大多数消费者来说是极具有吸引力的。佩戴天然钻石首饰已成为可及的事了，花不太多的钱，一样可以取得光彩的效果。

正是这些独出心裁的设计所起到的新奇效果，使得彼得森的事业取得了长足的进步，生产规模不断扩大，人员大量增加。

在艰苦的奋斗中，彼得森也赢得了人们的尊重和敬仰。可以说“特色戒指公司”能在激烈的竞争中扶摇直上，不能不归功于彼得森的发明创造，不断更新。钻石大王就这样一步步走向事业的顶峰。

可见，你要想把企业做大做稳，就得不断创新。否则，你不会有发展，别人进步了，就意味着你落后了，意味着你将被社会淘汰。如果企业不创新、不前进、不长大，只有死路一条!

利益面前巧变脸

犹太商人生意经要诀

在探讨问题、辩论是非之时要认真对待，丁是丁，卯是卯。在商谈时的第一天即使是不欢而散，在争吵后的第二天，也要一改昨天的态度，依旧笑容可掬地前来晤谈。不过，商谈中还是以利益为重，不该让步时始终不要做出丝毫的让步。

犹太人会慷慨大方到极点，把笑容“赠送”给他人。可是，一旦涉及金钱时，犹太人会把眼睛擦得雪亮，紧紧地瞧着，你千万不要以为他们的笑能预示商谈的圆满顺利！一旦进入实际的商谈，多半是晴转多云，多云转阴。犹太人的变脸术是谈判中的一大奇观。

在商谈中商定有关价钱问题时，对金钱非常热爱的犹太人，态度是非常认真的。犹太人对每个有关价钱的问题，都会非常认真地考虑。对于利润的一分一厘及契约书的形式等，也相当仔细。在这些问题上，他们没半点含糊，即使谈得满嘴白沫也不罢休，发生激烈的争吵也在所难免。

更重要的是犹太人在探讨问题、辩论是非之时是非常认真的，他们不问对方是何人，对的就是对，错的就是错，丁是丁，卯是卯。有时辩论演变成相互谩骂而纠缠不清，在商谈时的第一天很多时候都是不欢而散的，更不用说商谈出什么圆满的结果。犹太人在争吵后的第二天，一改昨天的态度，依旧笑容可掬地前来晤谈，这一点不能不令你感到惊讶。他们态度转变之快，实在令人叹服。不过，商谈中他们还是以利益为重，始终不会做出丝毫的让步。

犹太人的“变脸术”，是值得我们学习的。

美国富翁霍华·休斯有一次为了大量采购飞机，与飞机制造商的代表进行谈判。休斯要求在条约上写明他所提出的34项要求，其中11项要求是没有退让余地的，但这对谈判对手是保密的。对方不同意，双方各不相让，谈判中冲突激烈，硝烟四起，竟然把休斯赶出了谈判会场。

后来，休斯派了他的私人代表出来继续同对方谈判。他告诉代理人说，只要争取到34项中的那11项没有退让余地的条款就心满意足了。这位代理人经过了一番谈判之后，争取到其中包括休斯所说的那非得不可的11项在内的30项。

休斯惊奇地问这位代理人，怎样取得如此辉煌的胜利时，代理人回答说："那简单得很，每当我同对方谈不到一块儿时，我就问对方：'你到底是希望同我解决这个问题，还是要留着这个问题等待霍华·休斯同你解决？'结果，对方每次都接受了我的要求。"显然，休斯的面孔及其私人代表的面孔分别看来并无奇异之处，合二为一则产生了奇特的妙用，这便是唱红白脸的奥妙所在。

不要以为对人笑脸相迎，给人面子，一团和气，就能赢得谈判。一味地唱红脸，会使人觉得你有求于他，有巴结之嫌。越是这样，对方会越强硬、傲慢，在谈判中占尽上风。在必要的时候，有必要给对方施加点颜色，用一些白脸手段刺激一下对方。当然，所谓刺激，并不是激怒或伤害对方，而是为了引起对方对某种事实的注意，更加重视自己，同时也提醒对方不要过分抬高自己的价码。

"无中生有"法则

犹太商人生意经要诀

任何东西到了商人手里都会变成商品。（《塔木德》）

《塔木德》说："任何东西到了商人手里都会变成商品。"

犹太商人牢牢地记住了这一点。

1946年，犹太人麦考尔和他父亲到美国的休斯敦做铜器生意。20年后，父亲去世了，剩下他独自经营铜器店。

麦考尔始终牢记着父亲说过的话："当别人说1加1等于2的时候，你应该想到大于2。"他做过铜鼓，做过瑞士钟表上的弹簧片，做过奥运会的奖牌。

然而真正使他扬名的却是一堆不起眼的垃圾——美国联邦政府重新修建自由女神像，但是因为拆除旧神像扔下了大堆大堆的废料，为了清除这些废弃的物品，联邦政府不得已向社会招标。但好几个月过去了，也没人应标。因为在纽约，垃圾处理有严格规定，稍有不慎就会受到环保组织的起诉。

麦考尔当时正在法国旅行，听到这个消息，他立即终止休假，飞往纽约。看到自由女神像下堆积如山的铜块、螺丝和木料后，他当即就与政府部门签下了协议。消息传开后，纽约许多运输公司都在偷偷发笑，他的许多同事也认为废料回收是一件出力不讨好的事情，况且能回收的资源价值也实在有限，这一举动未免有点愚蠢。

当大家都在看他笑话的时候，麦考尔已经开始工作了。他召集一批工人组织他们对废料进行分类：把废铜熔化，铸成小自由女神像；旧木料加工成女神的底座；废铜、废铝的边角料做成纽约广场的钥匙链；甚至从自由女神身上掉下的灰尘都被他包装了起来，卖给了花店。

结果，这些在别人眼里根本没有用处的废铜、边角料、灰尘都以高出它们原来价值的数倍乃至数十倍的价格卖出，而且居然供不应求。不到3个月的时间，他让这堆废料变成了350万美元。他甚至把一磅铜卖到了3500美元，每磅铜的价格整整翻了一万倍。这个时候，他摇身一变成了麦考尔公司的董事长。

麦考尔的成功之处，就在于把别人眼里的垃圾变为自己的生财的聚宝盆。什么都可以成为商品，垃圾也不例外。利用"无中生有"的原则，就可以白手起家。

日本有个富翁名叫中山洋介。开始时，中山洋介手中既无资金，也无技术。当他跟别人说起准备经商时，大家都不相信，可他不但成为一个很成功的商人，而且经营的还是资本量很大的房地产。

经营房地产，利润很大，但是风险也很大，要有一大笔的资本做后盾，对于一般人而言，恐怕只能看别人赚钱了，但中山有白手起家的妙计。

中山洋介经过考察发现，在日本有不少人想开工厂，但资金连土地都买不起，更谈不上建筑厂房了。与此相反，许多土地却还在闲置着。如果不用购买土地就可以建厂生产，肯定能受到创业者的欢迎。有了这样一个构思，中山洋介立即行动起来。他首先打听那些闲置的土地。这些土地往往地理位置偏僻，多是卖不出去的土地。他同这些土地所有者商谈，提出改造利用土地的计划。土地所有者正为这些土地没有买主着急，现在有一个开发的方法，真是雪中送炭。他们纷纷愿意出让土地，有的甚至还拿出一定的资金作为股份。

土地的问题解决后，中山洋介创建洋介土地开发公司，组织人员上门推销土地。这些工厂主正为没有资金兴建工厂着急，现在看到可以不用巨额资金，又有土地可以出租，当然十分高兴，上门和中山签约的厂主络绎不绝。

中山的做法是，从租用厂房者手上收取租金后，扣除代办费用和厂房分摊偿还金，所剩的钱归土地所有者。厂房租金和土地租金之间的差额，除去修建厂房的费用，就是中山洋介的盈利。

企业主、土地所有者、中山洋介三方达成协议后，中山洋介就向银行贷款建筑厂房，然后按分期还款的方式归还银行的费用。

中山洋介实际上只是起到了一个中介的作用，将土地所有者和工厂主联系起来。一开始，这一创意就很吸引人，那些偏僻的土地有了用处，而工厂主可以减去积累资金的时间。中山洋介第一年仅手续费用就收入了20亿日元，有了这笔钱后，就不用再向银行贷款了。

就这样，中山洋介从营造小厂房到建筑大厂房，再到营建大规模的工业区，他的公司像滚雪球似地越滚越大，公司的经营也不再只限于租用土地。白手起家的中山洋介，终于成为日本数一数二的大企业家。

一个成功的中介者，就是一个成功的商人。他能够把看似毫不相关的事情联系起来，从中获利。

图德拉原是委内瑞拉的一位工程师。他从一位朋友处打听到阿根廷需要购买2000万美元的丁烷，并且又知道阿根廷的牛肉过剩。

图德拉灵机一动，他飞到西班牙，那里的造船厂正为没有订货发愁。他告诉西班牙人："如果你们向我买2000万美元的牛肉，我就在你们的造船厂定购一艘造价2000万美元的超级油轮。"西班牙人愉快地接受了他的建议。这样，他就把阿根廷的牛肉转手卖给了西班牙。

此后，图德拉又找到一家石油公司，以购买对方2000万美元的丁烷为交换条件，让石油公司租用他在西班牙建造的超级油轮。结果，图德拉不费一分钱做成了这笔生意。

在20世纪五六十年代，日本人发现在一些缺水的阿拉伯国家水比油还宝贵，于是他们就在水上大做文章。他们找到一种比出口淡化海水更简单、更省钱的方法出口雨水。从多雨的日本海接来雨水，用轮船运到阿拉伯国家。日本专家还研究出了一种清洗轮船内石油废渣的方法，利用油轮运载雨水，往返不空驶。大量出口雨水给日本带来了一本万利的经济效益。

还有一个例子：

1953年，用来筑工事的沙袋大批量地闲置起来，并且占满了仓库。而当初经营沙袋的公司大多是临时租用仓库。停战说明沙袋已经成了废物，而占用仓库，租金却得按日交付。这可急坏了这些沙袋经营商。

藤田瞅准了这个机会，觉得从中发一笔财是很有可能的。

于是，找到了那些沙袋经营者商谈生意。他摆出一副帮他们排忧解难的样子，说可以免费帮他们把沙袋弄走。有这样的好心人，这些沙袋经营者们当然高兴不已。

"一袋5日元10日元都可商量，折得太多啦。"

藤田最后以 5 日元一袋的价码买了 20 万袋。

货到手后，藤田仗着能说英语的方便，拜会了一个国家驻日大使。这个国家是殖民地，当时正在闹内乱。藤田想着他们肯定需要武器和沙袋。

未出所料，该国驻日大使亲自出面查看样品，20 万只沙袋很快成交。沙袋以 10 日元的标准价格卖掉了。

从看似无用的废物中发现商机，日本人藤田的成功与犹太人麦考尔如出一辙。

1984 年圣诞节前，尽管美国不少城市朔风刺骨，寒气逼人，但玩具店门前却通宵达旦地排起了长龙。这时，人们耐心等待领养一个身长 40 多厘米的“椰菜娃娃”。

“领养”娃娃怎么会到玩具店呢?

原来，“椰菜娃娃”是一种独具风貌、富有魅力的玩具，“她”是美国奥尔康公司总经理罗拔士创造的。

通过市场调查，罗拔士了解到，欧美玩具市场的需求正由“电子型”“益智型”转向“温情型”。他当机立断，设计出了别具一格的“椰菜娃娃”玩具。

以先进电脑技术设计出来的“椰菜娃娃”千人千面，有着不同的发型、发色、容貌，不同的鞋袜、服装、饰物，这就满足了人们对个性化商品的要求。

另外，“椰菜娃娃”的成功，还有其深刻的社会背景。离婚使得不到子女抚养权的一方失却感情的寄托。而椰菜地里的孩子正好填补这个感情空白，这使“她”不仅受到儿童们的欢迎，而且也在成年妇女中畅销。

罗拔士抓住了人们的心理需要大做文章。他别出心裁地把销售玩具变成了“领养娃娃”，把“她”变成了人们心目中有生命的婴儿。

奥尔康公司每生产一个娃娃，都要在娃娃身上附有出生证、姓名、手印、脚印、臀部还盖有“接生人员”的印章。顾客领养时，要庄严地签署“领养证”，以确立“养子与养父母”关系。

罗拔士又做出了创造性决定：“配套成龙”——销售与“椰

菜娃娃”有关的商品，包括娃娃用的床单、尿布、推车、背包以至各种玩具。

领养“椰菜娃娃”的顾客既然把她当作真正的婴孩与感情的寄托，当然把购买娃娃用品看成是必不可少的事情。

这样，奥尔康公司的销售额开始大幅度增长。

如今，“椰菜娃娃”的销售地区已扩大到英国、日本等国家和地区。罗拔士正考虑试制不同肤色及特征的“椰菜娃娃”，让她走遍世界各国，保持奥尔康公司在玩具市场上首屈一指的地位。

奥尔康公司充分发挥自己的想象力，虚构了惹人喜爱的“椰菜娃娃”。当“椰菜娃娃”成了摇钱树时，它又引发了一系列相关产品的诞生。“无中生有”原则使得奥尔康公司受益无穷。

欲取之，先予之

犹太商人生意经要诀

暂时地放弃一些利益，是为了得到更多的利益。(《塔木德》)

如果想赚钱的话，必须先让对方赚钱。只想自己赚钱的人，不仅不能赚大钱，而且还会被视为吝啬鬼。

从前有一位贵族，很喜欢收集古董。为了收藏古董他备有两个仓库，一个仓库放的是赝品，而真品则放在二号仓库。古董店的老板一有新货，就会把东西带到这个贵族家。当然其中有真品也有赝品。但是，贵族从不计较，只说声谢谢，便照单全收。不过他会告诉管家，哪些古董该放一号库，哪些该放二号库。

明知是赝品还付钱，表面上看起来，好像吃亏了，其实不然，因为这么一来，古董店认为对方带给自己赚钱的机会，所以，一有真正的好货，就会拿到贵族那里。因而，这个贵族收集到很多好古董。如果当初他不愿让对方赚钱，就无法收集到这么多珍贵的东西，当然更别奢望赚钱了。

做生意与古董业一样，每个人都是因为自己能赚钱才肯和对方合作，如果总吃亏而不赚钱，当然就不谈了。能让自己赚到钱，也能让别人赚到钱，彼此才会努力协作往来，获利也才会更多。

《塔木德》将这一点说得很明白："暂时地放弃一些利益，是为了得到更多的利益。"

"赔本赚吆喝"是犹太人的经商俗语，说的就是先"舍"后"得"的道理。这其实是一种表面上亏损的促销方法，但它在打开产品销路的方面却能够起到良好的效果。

有一位犹太商人开发了一种保健饮料，其销售势头一直长盛不衰，这种饮料打开市场时用的就是一种赔本赚吆喝的生意经。

他们独出心裁想了一个新招。根据自己产品的特性，他们花钱登广告征寻1000个拿着医院体检单，已让儿科医生认可的厌食、瘦弱、体质差的孩子，免费供应这1000名儿童一天两瓶。当然，这位犹太商人最终目的是打开产品的销路，但这种赔本赚吆喝的买卖经，却不失为一种有益的尝试。

如果说犹太商人"赔"的是数以千瓶计的饮料，那么，花旗银行的一位犹太小职员"赔"的只是15分钟的小小耐心，而他们所取得的效果却是一样的。

故事发生在美国花旗银行的一位小职员身上：

有个陌生的顾客从街上走进这家银行。要换一张崭新的100美元钞票，准备那天下午作为奖品用。这个职员花了15分钟，打了两次电话，最后找到了这样一张钞票，并把它放进一个小盒子里，递上一张名片，上面写着："谢谢您想到了我们银行。"那位偶然光顾的顾客又回来了，并开了一个账户。在以后的几个月里，他所工作的那个法律事务所在花旗银行存款25万美元。

由于那个职员无懈可击的优质服务，使偶然光顾的顾客特意回来开户存款，这样的服务魅力恐怕是难以抗拒的吧！

还有一些聪明的犹太商人采用白送机器零件这样一种看似赔本的方法来促销自己公司的机器，并最终获得成功。

美国凯特皮纳勒公司，是世界性的生产推土机和铲车的大公司。它在广告中说："凡是买了我们产品的人，不管在世界哪一个地方，需要更换零配件，我们保证在48小时内送到你们手中，如果送不到，我们的产品白送你们。”他们说到做到，有时为了一个价值只有50美元的零件送到边远地区，不惜动用一架直升机，费用竟达2000美元。有时无法按时在48小时内把零件送到用户手中，就真的按广告所说，把产品白送给用户。

有位留美学生讲了这样一件事：

他刚到美国时，用500美元在一家犹太人经营的商店买了一台彩电，回去后发现质量有问题，于是给商店打电话，电话刚挂断，商店就来人了，确认了质量有问题后，马上行礼，并说：“请原谅，马上换一台。”在零售店，经理随手一指：“请随意选一台，但一定请多关照。”这位留学生没有挑价值比原彩电高得过多的彩电，而是客气地选了一台800美元的彩电。

从这件事来看，精明的犹太商人以一台彩电，也就300美元的代价，避免了企业声誉受损，所以最终赔也是赚。

洛斯查尔德家族的开创者，当初是一位犹太穷孩子，做着古币和徽章收藏的小买卖。

在生意场上遭受种种歧视和碰了一次次壁的经历告诉麦雅：做生意必须具有一定的地位和身份，这样才能挣大钱，才能不受别人轻视。

麦雅经过三番五次的努力，终于打通了通往宫廷的道路。

一天，他获准晋见当地的领主毕汉姆公爵。麦雅趁此机会，以牺牲血本的超低价格向公爵推销珍贵的徽章和古钱币。

公爵正在兴头上，一股脑儿地买下了麦雅推荐的徽章和古钱币，但此时这位20岁的犹太小商人似乎并没有引起公爵的注意。

麦雅的目标不是这一笔买卖，也不全是长期买卖，而是要通过建立长期买卖抓住公爵这个人，他认为公爵对他将会有更大的用处。

他不断地以超低价格的方式向公爵推销古钱币和徽章。这样收集和买卖终于成为公爵的一大嗜好。

而麦雅呢，损失了许多经济利益，却牢固了和公爵的关系，并且深深赢得了公爵的信任。他经常替公爵兑换一些汇票，再后来，他掌握了公爵的一部分财产处理权，并在25岁的时候荣获了“宫廷御用商人”的头衔，实际上也就解除了许多套在犹太人身上的枷锁。麦雅整整为公爵效力了20年。

在法国大革命期间，麦雅协助公爵进行金融和军火交易，为公爵赢得了不少利益。他把巨额资金借给那些正缺乏军费的君主和贵族以赚取定额利息，同时他还进行军火交易。很快，珠宝、借据、期票等便堆满了他的金库。

当然，麦雅是不会忘了自己的家族、自己的身份的。他大力施展自己的商业才华，在战乱年代，他为家族赢得巨额资产。他借用公爵为其后来建立犹太金融帝国打下了坚实的基础。

在后来的岁月里，将金钱、心血和精力押宝般地投注到某一特定人物身上的做法，已成为洛斯家族最基本的战术。

不惜血本与特权强权建立牢固关系，然后回过头来再由这些人身上获取远甚于此的更大利益。

先舍后得，为了自己的长期的利益而暂时放弃一些近期的利益。实践证明，麦雅的确做对了。

在美国，一个一文不名、靠借来的470美元起家的黑人小伙子却成了拥有资本800万美元的大公司老板，成为美国的黑人大亨，他就是约翰逊。约翰逊成功的秘诀是“欲取之，先予之”。

约翰逊最初在一家名为“富勒”的大公司负责推销黑人专用化妆品。虽竭尽全力，却成效甚微。他终于悟出：“自己推销的商品是特殊商品，特殊之处就在于消费者是黑人。”而黑人在美国的经济地位和社会地位普遍低下，受教育程度也大大落后于白人。他们不仅购买力有限，而且大多数人还不懂如何使用化妆品，甚至根本连使用化妆品的欲望还没产生呢。他必须摒弃传统做法，另辟新路。这一认识是约翰逊推销生涯的一个质的飞跃，为他开创一种全新的推销方式奠定了基础。

怎样让黑人妇女喜欢化妆品呢？关键是要让她们体验到化妆前后的差别，以活生生的事实刺激她们想修饰自己的欲望。他冒着赔本的风险，冒着丢掉“饭碗”的危险，一个“先尝后买”的全新推销方式脱颖而出。

约翰逊在黑人居住地区铺开摊子，先用租来的手风琴自拉自唱流行歌曲，吸引了来往的黑人。待人们聚拢后，他开始介绍化妆品的功效，并慷慨请大家随意试用。爱美是人类的天性，谁不想使自己变得更漂亮些，更何况不用花钱就能打扮自己呢？羞怯的黑人妇女开始壮着胆凑过来，在约翰逊的指导下涂脂抹粉，陶醉在别人的注视和自我欣赏之中。可第二天一早恢复本来面目，就远不如化妆后漂亮。妇女们不甘心了，约翰逊终于唤起了黑人妇女对化妆品的欲望。一个月后，“先尝后买”取得惊人成果，约翰逊的公司从此声威大震。

现在，以“欲取之，先予之”推销方法，在世界各地已非常普遍。

曾有一段时间，香港男士服饰店大量批发绅士服。由于生意竞争激烈，有些商店就以“买一套绅士服赠送一条长裤”为口号，希望引发顾客的购买欲。其实，一套衣服，真的需要两条长裤吗？但由于人人都有“贪小便宜”的心理，既然是免费赠送，谁不喜欢呢？所以受赠品的吸引，前去购买的人很多。

又如，日本某家威士忌制造商，为了提高威士忌的销售量，以赠送精美的酒杯、酒盘和细致的小酒壶来吸引顾客。根据统计，前来购物的大多数人是受到赠送品的吸引。所以，馈赠品的魅力还是很大的。由于这种馈赠促销的经营方法确实能增加销售额，所以历久不衰。

但也有人认为，与其赠送，不如降低价格更实际。然而，对于已经熟悉了大商场打折推销积压品的消费者来说，馈赠比降价更可信。譬如，价值1000元的商品，以700元的价格售出，消费者并不会觉得获得了300元的利益。他们反会以为，这商品本来就值700元而已。但是若以1000元价格出售，另外赠送300元的礼物，情形就不一样了。消费者会以为，自己以1000元买到1300元的商品。

换句话说，就人的心理满足程度而言，赠品确实比降低价格更吸引人。因为获得赠品的购买者，会有意外收获的感受——这东西来得太容易了。即使并无实际用处，他们心理上也会觉得很快乐。

如前面提到的买威士忌附赠酒杯、酒盘、酒壶等精美酒具，要人花钱去买的话，会觉得不值，但有人愿意赠送，当然不要白不要。有经验的经销者，就是利用了人们这种心理弱点，大做生意。

78:22法则

犹太商人生意经要诀

名贵的商品都是给财主们准备的。（《塔木德》）

犹太人告诉你一个真理：钱在有钱人手里。所以要赚那些有钱人的钱，这样就可以赚快钱、赚大钱了。这是犹太商人智慧的经商哲学，而这一哲学却源自于他们对生活对世界的看法，这便是 78:22 法则。

78:22 法则是大自然中一条客观存在的法则，比如：

——自然界中氮与氧的比例是 78:22。

——人体中水与其他物质的重量之比大约是 78:22。

——一个正方形里，内切圆与其剩下四个角的面积之比也大约是 78:22。

犹太人把这神奇的数字比例运用到富人与普通人（包括穷人）的比例之中，发现整个人类富人与普通人的数量比例大约是 22:78，而富人总共拥有的财富与普通人总共拥有的财富之比正好颠倒过来——大约是 78:22。

于是，犹太人总结出一条著名的经商法则——78:22 法则。他们由此推测：从事以富有者为服务对象的行业，生产经营富人需求的产品，是最容易赚钱的。

犹太人很快便从商业实践中找到了明证：生产和经营汽车的企业要比生产和经营自行车的企业赚钱多，这是因为买汽车的人是富人。即 22% 范围内的人；而买自行车的人是普通人，即 78%范围内的人。

同样，珠宝首饰店的利润要比卖普通服饰的商店丰厚。环顾世界，许多犹太商人大多从事他们所谓的“第一商品”——金银珠宝、皮大衣等贸易。这些商品尽管昂贵，但富人需要，必能获取高额利润。

犹太人认为，78∶22法则是一个宇宙大法则。这一法则广泛存在于自然界和人类社会。灵活运用它来经商绝不吃亏，这是犹太人经商千百年来总结出来的经验。

犹太人的78∶22的经商法则是一个具有绝对权威、千古不变的真理法则，犹太人却以此作为经商的基础，依靠这个不变法则的支持，获得世人皆慕的财富。犹太人本着这样的法则指导自己的经商，获得了许许多多的成功。

阿沙德是一位美籍犹太人。二战初，他的父母为了逃避法西斯对犹太人的迫害，逃亡到美国，生下了他。十分不幸，阿沙德尚未读完初中，父亲英年早逝，他不得不中途辍学，到社会上打工，以维持家庭生活。阿沙德与其他犹太人一样，生活的艰难阻挡不住他求学的决心，他边工作边自学，直到读完了大学。

阿沙德认为，在一个国家中，富有的人远远少于一般大众，但富有人所持的货币却压倒大多数人。也就是说，一般大众所持有的货币为22%，而富有人所持的货币是78%。因此，做生意必须以拥有78%货币的22%的富有人为主要对象，一定会赚钱。在通常情况下，78%的生意是来自22%的客户，这就要求企业界要认真研究和分析客户的构成，应把78%的精力放在22%的最主要客户上，而不能平均使用力量。因此，阿沙德把主要精力集中于富有的客户身上，取得了巨大的成绩，短短两年时间，就成了百万富翁。

后来，阿沙德创办了一家投资公司，他又注意到各国经济在不断发展，需要更多的资金发展大项目，而以分散的放高利贷形成不了优势。于是，他又想出办法，把犹太人分散的钱积聚起来，吸纳个人的钱购买股票或股权，把集中起来的钱投向耗资多并且回报率高的大项目。这样的做法，既满足了企业发展的需求，又解决了当地政府发展经济的难题，自己又可以从中渔利。正是这样，阿沙德在美国成为华尔街上的一名风云人物。

阿沙德谈及自己的成功时说："我的成绩取得是靠 78:22 法则的结果。"

世界上有太多的 78:22 宇宙大现象存在，可见，一个商人能够遵循这种规律是很容易致富的。

如此说来 78:22 法则的确是一个超乎一切的"绝对真理"，它一直在冥冥之中规定着我们的世界，左右着我们的生活。这样一个具有绝对权威、千古不变的真理法则，犹太人理所当然地将它作为经商的基础，依靠这个不变法则的支持，获得世人皆慕的财富。

犹太商人的生意经就建立在 78:22 法则上，这是犹太商人千百年来经商经验的精华。素有经济帝国"红色之盾"荣誉的罗斯柴尔德，就是成功运用这一法则的典范。

迈耶·罗斯柴尔德，原本生活在德国的犹太贱民区。他花了几年时间建立起来了世界上最大的金融王国，实现了由穷人变为金融大亨的美梦。伦敦的罗斯柴尔德在 1833 年不列颠帝国废除奴隶制后，曾资助 2000 万英镑补偿奴隶主的损失；1845 年英俄克里米亚战争中罗斯柴尔德向英政府提供了 1600 万英镑的贷款；1871 年帮助法国支付普法战争中的 1 亿英镑的赔款；美国内战期间，他们所提供的资金为联邦财政的主要来源。

罗斯柴尔德家族在当今控制着世界重要黄金市场，也是犹太商人中最会赚钱的杰出代表。他们的财富是建立在成功运用 78:22 法则基础上的。

一个犹太商人把这一法则运用到他的钻石生意上，结果获得了意想不到的成功。

钻石是一种高级奢侈品，它主要是高收入阶层的专用消费品。而从一般国家统计数字来看，拥有巨大财富、居于高收入阶层的人数比一般人数要少得多。因此，人们都存在这么一个观念：消费者少，利润肯定不高。绝大多数人都不会想到，居于高收入阶层的少数人却持有多数的金钱。犹太人告诉我们赚"22"的钱，绝不吃亏。

该犹太商人就看中了这一点，他把钻石生意的眼光投向占人口比例“22”的有钱人身上。犹太商人抓住时机开始寻找钻石市场。

他来到一家百货公司，要求借该公司的一席之地推销他的钻石，但是该公司根本不理他那一套。“这简直是乱来，现在正值年末，即使是财主，他们也不会来的，我们不冒这种不必要的风险。”

但他并不气馁，坚持以 78∶22 这条万无一失的法则来说服百货公司，最后取得该公司一角——郊区分店。分店远离闹市，顾客很少，生意条件不利，但犹太商人对此并不是过分忧虑。钻石毕竟是少数有钱人的消费品，生意的着眼点首先得抓住财主，以赚取那些“22”的人的钱。当时百货公司曾满不在意地说：“钻石生意一天最多能卖 2000 万元，算不错了。”犹太商人立即反驳：“不，我可以卖到 2 亿元给你们看。”这在百货公司看来，无疑是狂人的说法了，但犹太商人胸有成竹地说出这句话来，无疑是源于对 78∶22 法则的信心。

事实上，78∶22 法则的魔力很快就显示出来了。首先，在地点不好的分店，取得了一天 6000 万的好利润，大大突破一般人认为的 500 万的效益估量。当时正值年关贱价大拍卖，吸引了大量顾客，犹太商人就利用这个机会，和纽约的珠宝店联络，运寄来各式大小钻石，几乎都抢购一空。

接着，犹太商人又在郊区及周围，分别设立推销点推销钻石，生意极佳。任何商店都没有少于每天 6000 万元的记录。相反百货公司由于开始没有抓住“22”有钱人的机会，当全国各地销路大开时，才低头提供摊位，结果效益反而不如其他本来相对萧条的商店。

这样到了第二年春天，犹太钻石商的销售额突破了 3 亿元，就连四周地区的买卖，也超过了 2 亿元，犹太商人实现了曾许下的狂言。

犹太商人就这样赚到了占金钱多数的少数人的钱。

犹太人的生意经是世界上最棒的、最通用的生意经，犹太商人的点子更是世界上最值钱的、最聪慧的和最实用的点子，它能一点到位，用中国话来说就是“点石成金”。几千年来，犹太商人遍布世界各地，最擅长投资管理，最精于股市行情，最精于商业谈判，最善于进行公关和广告宣传活动，他们总结出了一套科学合理的生意经以及“巧取豪夺”的赚钱理论。其中，最为通行的当是78∶22之经商法则，它构成了犹太人生意经的根本。犹太商人最精于运用这一法则，并将世界的财富和职能统统装进了自己的口袋。

《塔木德》如是说：“78∶22是个永恒的法则，没有互让的余地。”

第六章　经商必须守住底线

——犹太商人生意经七：诚实守信，灵活运用法律

人无信则不立

犹太商人生意经要诀

鱼离开水就会死亡，人没有礼仪便无法生存，而不讲诚信则会受到炼狱的惩罚。（《塔木德》）

《塔木德》记载了这样一个故事：

一姑娘外出游玩，不小心掉进了井中，正巧遇到一个青年人路过，将她从井中救了出来。姑娘为了报答救命之恩，就与他私订终身。

订下婚约后，却没有证婚人。恰好见到一只黄鼠狼，于是黄鼠狼和那口水井就成了他们的证婚人。

青年继续他的行程，而姑娘则回到家中开始等候。

正当姑娘还在痴心地等待时，那个青年却在异地结了婚，并且生了两个小孩。

没多久，青年的两个小孩，一个被黄鼠狼咬死，另一个则在井边玩耍掉进了井里。

这个时候的青年，想起了他和姑娘的订婚和证婚的黄鼠狼和井。他如梦初醒，和现在的妻子离了婚，回到了痴心等他的姑娘身边。

这个故事就是用来告诫人们不要背信弃义。一旦你置契约于

不顾，那么你就会得到上帝给予的严厉惩罚。

犹太人就是这样，经商的时候一定讲究诚信，绝不用那种欺骗的手段来获取财富。因此，犹太人从来不做那种“一锤子买卖”的事情，更不屑于做“只要每个人上当一次，我就发财了”的生意。他们厌恶那种流寇式的作战方法和短期策略。他们看重的是长期的合作，注重信誉，拥有很好的商业口碑，而且他们的商品绝少有假冒伪劣的。

诚信意味着平等的交易、公平的竞争。《塔木德》中是这样说的：“你们不可行不义，要用公道天平、公道砝码、公道升斗、公道秤。”

然后他们把这种交易情况作了细致的规定：

不可有一大一小两样的砝码和量器。

批发商每个月清洗一次量器，小生产商一年清洗一次。

小生产商要经常清洗砝码，以其不发粘为度。

店主每周要清洗一次量器。每天清洗一次砝码，每称完一样东西都擦拭一次天平。

《塔木德》记载了这么一则案例，说有个奴隶染黑头发并在脸上涂抹化妆品，以使自己显得年轻，来达到欺骗买主的目的，这是不道德的。还有，蔬果商不可将新鲜的水果铺在腐烂的水果上来卖。

此外，《塔木德》里也禁止商人在销售商品之时附上任何名不副实的称号。

《塔木德》这样告诫犹太人：你们不可偷盗；不可欺骗：不可抢夺他人的财物；不可向着我起假誓，亵渎我的名。

商业就是提供一种服务。只有诚实对待，取得别人的信任，自己才可以获得利润。

诚实为经商的第一要务，这是犹太人的经商法则。他们对于善于欺骗的人的态度非常激烈，并认为他们是不可饶恕的。犹太人认为不贪图小便宜，不偷税漏税，做一贯诚实的人是很好的。

犹太先知说，世界末日早晚是要到来的。当末日到来的时候所有人都要接受大审判。如果谁在这个世界上做了好事，他死后灵魂就会进入天堂；如果谁在生前作恶多端，那他死后，灵魂就会被打入地狱，接受炼狱之苦。世界末日来临时的大审判判断孰好孰坏要问5个问题，这5个问题是：

你在做生意的时候诚实吗？

你腾出时间学习了吗？

你尽力工作了吗？

你渴望得到神的救赎吗？

你参与过智慧的争论吗？

可以看到，犹太人把做生意是否诚实、遵守信誉放在第一条，把做生意的诚实摆在学习、工作、信仰和智慧之前，可见犹太先知对诚信经商的重视程度。

尽管各民族皆有“经商应童叟无欺”的说法，但只有犹太民族是最严格执行这种正直交易的民族。《塔木德》记载了许多关于诚实经商的实例，培养了犹太人诚实的商业原则。“唯有诚实正直的经商之道才是生存处世的最高法则。”

在犹太商人作为“世界第一商人”的商旅生涯中，犹太民族与其他民族打交道最多。作为一个弱小的民族，在2000多年的流浪中，没有被其他民族同化或湮灭，并且还能不断大把大把地赚钱，其中一个重要的原因就在于他们诚信经商、坦诚为人、尊重他人、彼此宽容的道德操守。因为严于律己，重信守约，犹太人才赢得了“世界第一商人”的口碑；而诚信经商，更使得犹太商人得到了世人的信任和尊敬，这在商业社会无疑是一笔最重要、最宝贵的无形资产。

在犹太人看来，诚实是支撑世界的三大支柱之一，另外两个是和平与公正。

犹太人认为诚信经商是商人最大的善，所以在犹太人的生意场上最为看重诚信。对于不诚信的人，他们是无法原谅的。在犹太人的内部，他们之间极为重视诚信，极为重视契约，一旦签订了就必须遵守，绝对不可以有任何理由不履行契约。

下面这个真实的例子也说明了诚信的重要性：

“棕色浆果烤炉”公司是美国一家知名的面包公司。公司的经营原则很简单，只有4个字：诚实无欺。公司标榜凡出卖的面包都是最新鲜的，硬性规定绝不卖超过3天的面包，已过期的面包由公司回收。

有一年秋天。公司所在州的部分地区发大水，导致那里的面包畅销，但公司照样按规定把超过3天的面包收回来，哪知车行至半路，抢购的人一拥而上。把车子团团围住，一定要买过期面包。但押车的运货员怎么也不肯卖。他哭丧着脸解释：“不是我不卖，实在是老板规定得太严了。如果有人明知面包过期还卖给顾客就一律开除。”大家以为运货员耍花招，就跟他激烈地争吵起来。

最后，一位在场的记者向运货员恳求：“现在是非常时期，总不能让人们看着满车的面包忍饥挨饿吧！”运货员听之有理，凑到记者耳边悄悄地说：“我是说什么也不卖的，但如果你们强买，我就没有责任了。你们把面包拿走，凭良心丢下几个线，反正公司是不会可惜一车过期面包的。”这么一说，一车面包很快被强行买光了。运货员趁机特意让记者拍了一个他阻止大家强拿面包的场面，以证明这不是他的责任。

这个故事，后来经新闻记者在报上大肆渲染，“烤炉”的面包给消费者留下了深刻的印象，顿时，公司声名鹊起。

“烤炉”公司以其诚信为自己赢得市场。

在犹太人的经商历史中，他们尤其注重契约的履行。别看他们在谈生意时斤斤计较，为了一点点的利益可以和对方争论不休。不过一旦与他们达成了某种协议，不管是书面上的还是口头上的，犹太人都会竭尽全力地去完成。有的时候为了达成契约上面的要求，即使吃亏也照样完成。

日本的藤田之所以获得“银座犹太商人”的雅号，是因为他的生意经学到了家，而且运用得得心应手。“银座犹太商人”在世界性贸易中，无疑是一本烫金的通行证，是信誉的象征。藤田之所以获得“银座的犹太人”的雅号，是他付出了血本代价的结果。

1958 年，美国一家石油公司向藤田订购了 3 万把餐刀和叉子，交货日期为 9 月 1 日，地点定在芝加哥。藤田不敢怠慢，立即商请岐埠的厂商为他赶制。

值得说明的是这家美国石油公司是犹太人的公司。

没想到麻烦出来了。藤田打算 8 月 1 日由横滨出港，9 月 1 日肯定可以在芝加哥交货。可是因为厂商违约，致使他不能按期交货。

藤田气得对厂商大发脾气，因为他是和犹太人做生意，犹太人对时间的要求之严格是举世皆知的。

厂商却说："稍微迟一点，对方不至于发火吧。"

就这样厂商一直拖到 8 月 27 日才交货。轮船插上翅膀也难飞到芝加哥了。为能按期交货只有让餐刀和叉子坐飞机了。而坐这趟飞机的价格是 6 万美元，这个代价简直是高得不能再高了。但是藤田别无他法，只得租用昂贵的飞机。因为犹太商人从来不听人辩解。

藤田按照合约严格要求，9 月 1 日到芝加哥如期交货。犹太人只说了一句："按期交货，OK！听说你租用飞机空运了，真了不起！"而对飞机租金不闻不问。其实，光是犹太人那句赞扬的话就已经很值钱了。

第二年，美国石油总公司又向藤田订购了 6 万把刀叉。

没想到，货又不能按期完成。因为刀叉不是流水生产而是作坊式的小厂生产，需要多个生产厂家合作，才能够生产出这 6 万把刀叉来。在这期间，虽然厂家日夜加班，但还是没能赶上交货期装船。

于是藤田只得再次租用飞机，按期赶到芝加哥交货。犹太人没有说一句感激的话，仍是一句"OK"。

两次花费昂贵的运输费，实在是让藤田有些承受不了。他把厂商召集在一起，要求他们分担部分飞机租金。厂商多多少少感到自己有些责任，经过一番讨价还价，厂家只答应出 20 万日元。

两次租用飞机，使得藤田蒙受了巨大的损失，但损失的金钱却买得了犹太人的高度信任。犹太人在全球的商业网络极为广泛，不久所有的犹太人都知道日本有个藤田是个信守诺言的人。

因为这两件事，藤田获得了“银座犹太商人”的雅号，当然这个雅号也带给藤田无穷的价值。因为从某种程度上来说，信誉才是生意真正的开始。

从伦理学角度讲，诚信是一种道德资源，它可以引发商家对诚信的竞争；从经济学角度讲，诚信是一种无形资产，是“资本价值中的核心成本”。成熟的市场经济中，企业之间主要是品牌及服务的竞争。为此，诚信就成了资本价值中的核心竞争力。

诚信经商是犹太商法的灵魂，是商业活动的最高技巧。在现代商业世界，恪守信用已构成了许多企业的市场竞争手段。注重商业的诚信，视信誉为经商的生命，这是犹太人走遍世界各地都受到欢迎，让犹太人获得巨大财富的生命之源。

每一次生意都要保持警惕

犹太商人生意经要诀

对每一次生意都重视有加，这样做起码有两大好处：其一是不会因为自己对对方的先入之见而掉以轻心，相反，可以有足够的戒备防止对方可能的一切手脚。其二是可以保证自己第一次辛辛苦苦争取得到的赢利，不至于在第二次生意中为顾念前情而做出的让步所断送。

犹太人认为经商是以利益为先，因此不能感情用事。犹太人的经商法则有不少初看之下毫不起眼，细细推敲下来，却足以发人深思。“重视每一次生意”，就是这样的一条重要的法则，它包含了犹太人丰富的处世经验和智慧。

要说明这个道理，我们先看一下一个故事。

有一天，一位商人请犹太画家拉法德上饭馆吃饭。宾主坐定之后，拉法德乘等菜之际，取出纸笔，给坐在边上谈笑风生的饭馆女主人画起速写来。

不一会儿，速写画好了。拉法德递给商人看，果然不错，画得形神皆具。商人连声赞叹道："太棒了，太棒了。"

听到朋友的奉承，拉法德便转过身来，面对着他，又在纸上勾画起来，还不时向他伸出左手，竖起大拇指。通常，画家在估计人的各部位比例时，都用这种简易方法。

商人一见拉法德的这副架势，知道这回是在给他画速写了。虽然因为面对面坐着，看不见他画得如何，但还是一本正经摆好了姿势让他画。

商人一动不动地坐着，眼看着拉法德一会儿在纸上勾画，一会儿又向他竖起拇指，足足坐了10分钟。"好了，画完了。"拉法德停下笔来，说道。

听到这话，商人松了一口气，迫不及待地欠身过去，一看，不禁大吃一惊。原来拉法德画的根本不是商人，而是他自己左手大拇指的速写。

商人连羞带恼地说："我特意摆好姿势，你……你却捉弄人。"

拉法德却笑着对他说："我听说你做生意很精明，所以才故意考察你一下。你也不问别人画什么，就以为是在画自己，还摆好了姿势。单从这一点来看，你同犹太商人相比，还差得远啦。"

到这时，商人才如梦方醒，明白过来自己错在什么地方：看见画家第一次画了女主人，第二次又面对着自己，就以为一定是在画自己了。

你看，正是基于对类似于这位商人所犯的错误，犹太商人才对每一次生意都重视有加，这样做，起码有两大好处：

其一是不会像商人那样，因为自己对对方的先入之见而掉以轻心，相反，可以有足够的戒备防止对方可能的一切手脚。

其二是可以保证自己第一次辛辛苦苦争取得到的赢利，不至于在第二次生意中为顾念前情而做出的让步所断送。生意毕竟是生意，容不得"温情脉脉"，否则第一次就没有必要斤斤计较。

这两条好处这么写白了放在面前，看上去实在平淡得很。但犹太商人深知，由于它们作用的是人的潜意识层面，往往在人们的漫不经心中被忽略了，先入之见的厉害之处在于它会使人都想不到去纠正它。直到事情结果出来了，大失所望甚至绝望之余，人们才不无懊悔地察觉自己的疏忽。

在今日社会上发生的诸多合同诈骗案中，有很多“善良的人们”就是因为单凭一张熟人甚至仅仅一面之交的熟人的面子或者一次小小的“成功”而上了别人的圈套。这些人难道不应该把“重视每一次生意”作为自己经商活动中的座右铭吗？

合同是与神签订的契约

犹太商人生意经要诀

一旦签订合同就要承担自己的责任，不管发生任何困难，也绝不毁约。生意经的精髓在于合同。当然也要求签约对方严格履行合同，不容许对合同有不严谨和宽容。

犹太人的经商史，可以说是一部有关契约的签订和履行的历史。犹太人之所以成功的一个重要原因，就在于他们一旦签订了契约就一定执行，即使有再大的困难和风险也会自己承担。

犹太人信任契约，相信签约的对方也一定会严格执行。因为他们深信：“我们的存在，是履行和神签订的契约。”他们之所以不毁约，是认为契约是和神的签约，绝对不可毁约。

所以，犹太人一旦签订就要承担自己的责任，在犹太商人中，根本就不会有“不履行债务”这句话。

那么犹太商人在实际经营中是如何信守合约的呢？有个小故事可见一斑：

有一个犹太老板和雇工订了契约，规定雇工为老板工作，每一周发一次工资，但工资不是现金，而是工人从附近的一家商店里购买与工资等价的物品，然后由商店老板结清账目领取现款。

过了一周，工人气呼呼地跑到老板跟前说："商店老板说，不给现款就不能拿东西。所以，还是请你付给我们现款吧。"

过一会儿，商店老板又跑来结账了，说："贵处的工人已经取走了这些东西，那么请付钱吧。"

老板一听，给弄糊涂了，反复进行调查，但双方各执一词，又谁也不能证明对方说谎，而毫无凭证。结果，只好由老板发了两份开销。因为唯有他同时向双方做了许诺，而商店老板和该雇员并没有雇佣关系。

你看，犹太商人由于普遍重信守约，相互间做生意时经常连合同也不需要，口头的允诺已有足够的约束力，因为"神听得见"。犹太商人首先意识到的是守约本身这一义务，而不是守某项合约的义务。

犹太人都十分守约。只要和他们签订了契约，你就不会有任何的后顾之忧了。在这样的商业大背景下，犹太人对于不履行契约的人，严格追究责任，毫不客气地要求对方赔偿损失；对于不遵守契约的犹太人，他们会义无反顾地把他驱出犹太人商界，让他永远背负一生的骂名。

由于各个国家对契约的重视程度不一样，所以犹太人在与人做生意、打交道时，总是小心谨慎，因为他们对对方不了解，不清楚对方是否会守约，所以他们开始不太信任对方。尤其是第二次与不守约的人交往时，犹太人根本不会相信所签订的契约。

因此，在与犹太人交往中，要想博得犹太人的信任，第一件重要的事便是遵守契约，无论发生了什么突变，无论在任何特殊的环境之下，都要毫无余地地做到这点，否则你便是枉费心机，因为犹太人绝不会信任一个对他们的"神"不敬的人。

犹太人在签合同时，向来善于讨价还价，这正说明了他们对合同的重视，否则也就没必要那么认真了。订约时，一切尚未决定，商量的余地大得很，接不接受全由自定。而合同一旦签订，由自己决定的东西，全成了决定自己的东西，哪怕再吃亏，也得认真去履行。

这样也就决定了他们对违约者的厌恶，一旦犹太人违约了，他们就会毫不犹豫地将其逐出教门，一个受到犹太人同体排斥的犹太人就意味着生意史的结束。而对于非犹太人，他们一方面会诉至法院，要求对方赔偿一切损失，另一方面也会向犹太共同体通报。

既然国际贸易是犹太人的天下，那违约者被挤出国际市场的危险就会马上来临。这种规矩一旦确立，就会对犹太人和一切生意伙伴形成一种威慑力。

犹太商人如此缜密的做法，确保了契约的顺利完成。即便出现意外，也能及时采取弥补措施，把可能的损失降到最低限度。这种作风，受到了商界一致首肯，也是我们应当学习借鉴的。

这里有一个犹太人做生意十分注重合同的典型例子：

有一位日本出口商与犹太商人签订了10000箱蘑菇罐头合同，合同规定为："每箱20罐，每罐100克。"但日本出品商在出货时，却装运了10000箱150克的蘑菇罐头。

货物的重量虽然比合同多了50%，但犹太商人拒绝收货。日本出口商甚至同意超出合同重量不收钱，而犹太商人仍不同意，并要求索赔。出口商无可奈何，赔了犹太商人10万多美元后，还要把货物另做处理。这是因为犹太人极为注重合同，犹太人可以说是"契约之民"。

犹太人懂得，合同的品质条件是一项重要条件，或者称为实质性的条件。合同规定的商品规格是每罐100克，而日本出口商交付的每罐却是150克，虽然重量多了50克。但卖方未按合同规定的规格条件交货，是违反合同的。按国际惯例，犹太商人完全有权拒绝收货并提出索赔。

犹太人生意经的精髓在于合同。他们一旦签订合同，不管发生任何困难，也绝不毁约。当然他们也要求签约对方严格履行合同，不容许对合同有不严谨和宽容。

订合同要防止存有漏洞

犹太商人生意经要诀

对于订立合同要谨小慎微，思虑周密，绝不允许出现漏洞。商场如战场，在现实生活中，我们在和别人签一个即使很小的合同时，也一定要留神，否则很容易被对方钻空子。

犹太人认为在一个法治国家里，从事经营活动，如果缺乏法律意识，必然会在生意场上栽跟头。犹太人具有极强的法律意识。就拿商品贸易中签订合同来说，如果经营者缺乏法律意识，就可能会在合同中造成一些漏洞，给对方以可乘之机，从而使自己受损失。

一则犹太人的故事说，有个贤明的富翁，他把儿子送到很远的耶路撒冷去学习。一天，他突然染上了重病，知道来不及同儿子见上最后一面，就留下了一份遗嘱，上面清楚地写着：家中所有的财产都让给奴隶，但要是儿子想要的话，只能选择其中一件。

这位富翁死后，奴隶很高兴地星夜赶往耶路撒冷，向死者的儿子报丧，并把遗嘱拿给他看。儿子看了遗嘱后非常伤心，也非常吃惊。

办完丧事后，儿子左思右想，觉得自己的父亲不应该将财产留给奴隶，于是就牢骚满腹地去找拉比。拉比看完遗嘱后，盛赞他父亲的聪明和对他的爱。

儿子却对父亲的做法非常生气，认为父亲对他一点关怀的意思也没有。

拉比要他好好动动脑筋，只要仔细分析遗嘱就可以知道，父亲把全部财产留给了自己。拉比告诉他，父亲知道，如果自己死了，儿子又不在，奴隶可能会带着财产逃走，连丧事也不报告他。因此，父亲才把全部财产都送给奴隶，这样奴隶不仅不会逃走，而且还会急着去见儿子，并把财产保管好。

可是这个儿子还是不明白父亲的用意。拉比只好给他挑明：

“你不知道奴隶就是主人的财产吗？你不知道奴隶的全部财产都属于主人吗？你父亲不是说给你留下了一样财产吗？你只要选奴隶就行了。这不是他充满爱心的聪明之举吗？”

从这则故事中可以看出，那个犹太人在遗嘱（也是一种合同）中实实在在地玩了个“圈套”，给奴隶吃了个“空心汤圆”。虽然遗嘱将所有财产都给了奴隶，但其儿子只能选择一件财产。这里暗含着一个前提未写出来，奴隶不会注意到，甚至连死者的儿子也没有注意到，那就是奴隶的全部财产都属于主人。这是一个惯例，其实也是一个无需说明的前提。那么只要前提一变，一切权利皆成泡影，这就是这个犹太人计谋的关键所在。后来，正是在拉比的指点下，年轻人才终于解开这个活扣，既没有违背父亲的遗嘱，又没有违约，因为犹太人从不违约。这实际上就是我们现在所说的钻合同的空子。

这则故事充分揭示了这样一个事实：犹太人对于订立合同谨小慎微，思虑周密，绝不允许出现漏洞。商场如战场，在现实生活中，我们在和别人签一个即使很小的合同时，也一定要留神，否则很容易被对方钻空子。

还有一个这样的事例。一天，有一位美国律师约翰给“日本的犹太人”藤田打电话，请求预约。

其时，藤田手头正忙，便拒绝了对方。

“无论如何请您抽出一点时间给我。”对方恳求道。

“很遗憾，对不起，我实在没空。”藤田再一次婉言谢绝。

“那这样好了，每谈一小时，给您奉上酬金 200 美元。”对方给时间标了价，如此诚恳的态度使藤田很难为情，看来确有要事相商。

“好吧，那就给你 30 分钟。”

约翰是美国一家犹太人开的大公司的法律顾问，该公司与日本一家商社达成了合作意向，现在需要一名监视日本公司是否守约的监督人，一月付1000美元，请藤田给推荐一合适人选。约翰拿出公司老板给藤田的信：

“因为您是犹太人的朋友，所以您介绍的监督员一定可靠。”

之后，约翰又拿出了该公司同日本商社的合作协议。藤田看完后，不觉笑了起来。从美国人眼里看来，这也许是一份完满的协议，而在日本人看来，则是一份漏洞百出、暗算人的合同。于是，藤田不仅给约翰律师指出了该合同的漏洞，而且介绍了一位可靠的监督员。这个人几乎不干什么工作就可以轻而易举地获得每月1000美元的收入。

尽管如此，约翰还是非常满意的。因为他不仅及早发现了合同的漏洞，而且找到了一名合适的监督员，否则，一旦日本商社钻其漏洞，他的损失可就更大了。

善于利用法律为自己服务

犹太商人生意经要诀

法律是人制定的，人一定能找到它的漏洞所在。法律是为人服务的，那么就要善于利用法律打擦边球，在其允许的范围内让它替自己服务。

犹太人认为，诚信经商就是遵守法律，只要不违反法律，做什么生意都行。

例如，贵重物品的寄存按常理应放在金库的保险箱里，对许多人来说，这是唯一的选择。但犹太商人却不是这样做的。

一个犹太人走进纽约的一家银行，来到贷款部，大模大样地坐了下来。

“请问先生有什么事情吗？”贷款部经理一边问，一边打量着来人的穿着：豪华的西服、高级皮鞋、昂贵的手表，还有领带夹子。

“我想借些钱。”

“好啊，你要借多少？”

“一美元。”

“只需要一美元？”

“不错，只借一美元。可以吗？”

“当然可以，只要有担保，再多点也无妨。”

“好吧，这些担保可以吗？”

犹太人说着，从豪华的皮包里取出一堆股票、国债等，放在经理的写字台上。

“总共 50 万美元，够了吧？”

“当然，当然！不过，你真的只要借一美元吗？”

“是的。”说着，犹太人接过了一美元。

“年息为 6%。只要您付出 6%的利息，一年后归还，我们就可以把这些股票还给你。”

“谢谢。”

犹太人说完，就准备离开银行。

一直在旁边冷眼观看的分行长，怎么也弄不明白，拥有 50 万美元的人，怎么会有来银行借一美元这种事情。他慌慌张张地追上前去，对犹太人说：

“啊，这位先生……”

“有什么事情吗？”

“我实在弄不清楚，你拥有 50 万美元，为什么只借一美元呢？要是你想借 30 万、40 万美元的话，我们也会很乐意的……”

“请不必为我操心。只是我来贵行之前，问过好几家金库，他们保险箱的租金都很昂贵。所以嘛，我就准备在贵行寄存这些股票。租金实在太便宜了，一年只需花 6 美分。”

这是一则只有精明人才想得出来的犹太商人的故事。这样的精明，一般人是学不到的，因为它不仅是盘算上的精明，首先更是思路上的精明。

这就是犹太商人在思维方式上用的所谓“反向思维”。而借“反向思维”，犹太人“倒用法律”更是大发横财。

1968 年前后，由于日本经济的高速增长和贸易顺差，日元逐渐升值，美元日显疲软，因而日本的外汇储备飞速增加。

20 世纪 70 年代初，日本的外汇储备只有 35 亿美元。这是日本战后全体日本人 25 年辛勤工作的结果。可是，从 1970 年 10 月份开始，日本的外汇储备便成亿成亿地向上爬升，1971 年 8 月达到 125 亿，其中 8 月份 1 个月的外汇收入就超过了战后 25 年的积累，达到 46 亿美元！最后总储备额竟达到 150 亿美元，而时间还不到 1 年。

对此，日本政界、新闻界，还有商界中大多数人都陶醉于良好的自我感觉中:“这是日本人勤劳的象征,因为日本人勤奋工作,才积攒下这么多的外汇。”

然而，犹太人却在暗暗好笑，向日本大量抛售美元。因为他们知道，日元的升值是迟早的事情，只要日本的外汇储备超出 100 亿美元，这个时候便会来临。这个美日汇率的大幅变化，也许是 20 世纪中最后一个发大财的机会。所以，犹太人甚至从银行贷款向日本抛售美元。

对于犹太人的动作，日本政府一直弄不明白是怎么回事，因为他们认为日本有严格的外汇管理制度，靠在外汇市场上搞买空卖空式的投机是不可能的。他们没有想到，从他们眼里看是一个周详严密的外汇制度，从犹太人那边看，却有一个大漏洞，这就是当时的“外汇预付制度”。根据该条例，对于已签订出口合同的厂商，政府提前付给外汇，以资鼓励，但这个制度有个缺陷，那就是必须允许退货。

犹太人正是盯上了日本的“提前付外汇”和“退货”这两点。这样，犹太人先与日本出口商签订合同，将美元卖给日本，然后耐心等待，等到日元升值，再以退货的方式将美元买回来。一卖一买，利用日元升值造成的差价，便可以稳赚大钱。

等日本政府的外汇储备达到 129 亿美元时，方如梦初醒，意识到这种状况的危险，然后才停止“外汇预付”，不过，还留了一个尾巴，允许每天成交 1 万美元。最后，等外汇储备达到 150

亿美元时，日本政府只好宣布日元升值，由360日元兑换1美元提高到308日元兑换1美元。这样，犹太人在短短几个月内1美元就净赚52日元，日本政府则总共损失了8亿美元，相当于每个日本人损失5000日元。而这笔钱据说大多是犹太人赚去了。难怪有的犹太人流着泪感谢日本政府的“宽大”，“宽大”到不用说及早关闭外汇市场，就是连按原比值退还预付款的办法也不敢用。

按理说，日本的“外汇预付制度”本来是为了促进日本企业开展外贸的。接到国外订单，尽早拿到外汇就可以及时进口所需的原料，确保按期交货；企业拿到预付款还可以减少资金占用，何乐而不为？而且，允许退货，也是交易场上的常例，本身并不是什么大漏洞，除非在日元升值的情况下。

国籍也是商品

犹太商人生意经要诀

时间是商品，知识是商品，那么国籍当然也可以成为商品，而且是一种特殊的商品。（《塔木德》）

在今天这个商品世界里，时间是商品，知识也是商品，那么国籍当然也可以成为商品，而且是一种特殊的商品。在犹太人的眼中，时间可以用钱买，国籍更容易，只要有钱，便可以买到别国的国籍。他们买国籍的目的是为了赚取最大利润，为经商道路扫除障碍。

犹太商人罗恩斯坦就是一个典型的靠国籍致富的人。

罗恩斯坦的国籍是列支敦士登，但他并非生来就是列支敦士登的国民，他的国籍是用钱买来的。

列支敦士登是处于奥地利和瑞士交界处的一个极小的国家，人口只有1.9万人，面积157平方公里。这个小国与众不同的特点，就是税金特别低。这一特征对外国商人有极大的吸引力。为了赚钱，该国出售国籍。非本国国民获取该国国籍后，不分贫富，无论有多少收入，只要每年缴纳9万元税款就行了。因而，列支敦士登国便成为世界各国有钱人向往的理想国家。他们极想购买该国的国籍，然而，原来只有1.9万人的小国容纳不下太多的人，所以想买到该国国籍也并非易事。但是，这难不倒机灵的犹太商人。

罗恩斯坦把总公司设在列支敦士登，办公室却设在纽约，在美国赚钱，却不用交纳美国名目繁多的税款，只要一年向列支敦士国交纳9万元就足够了。他因此获取了最大利润。

对于一般人来讲，国籍是神圣的，会认为这种以国籍为资本做生意的行为是对国籍的亵渎。但是对于犹太人来说国籍是不存在的，犹太人从不看重这个政治概念，在他们看来，如果以它为资本能够给自己带来巨大利润，为什么要选择放弃呢？所以对于生意而言，国籍和政治不是最重要的，它们只是提醒人们做生意要采取不同的方式和方法而已。

罗恩斯坦经营的其实是一家“收据公司”，靠收据的买卖可赚取10%的利润。在他的办公室里，只有他和女打字员两人。打字员每天的工作是打好发给世界各地服饰用具厂商的申请书和收据。他的公司实质上是斯瓦罗斯基公司的代销公司，他本人也可以说是一个代销商。

提及斯瓦罗斯基公司，便不能不提罗恩斯坦致富的本钱——美国国籍，下面是罗恩斯坦的一段真实的故事：

斯瓦罗斯基的大公司实力雄厚。达尼尔·斯瓦罗斯基家是奥国的名门，他的祖先世世代代都生产玻璃制假钻石的服饰用品。

第二次世界大战后，斯瓦罗斯基的公司因为在大战期间，曾奉德国纳粹党的命令制造军用的望远镜等军需品，所以将被法军接收。当时是美国人的罗恩斯坦，悉知上情后，立即与达尼尔·斯瓦罗斯基家进行交涉：“我可以和法军交涉，不接收你的公司。不过条件是——交涉成功后，请将贵公司的代销权让给我，收取卖项的10%好处，直到我死为止。”

斯瓦罗斯基家对于犹太人如此精明的条件十分反感，但经冷静考虑后，为了自身的利益，他只好委曲求全，以保住公司的大利益而全部接受了罗恩斯坦的条件。

对法国军方，罗恩斯坦充分利用美国是个强国的威力，震住了法军。在斯瓦罗斯基家接受他的条件后，他马上前往法军司令部，郑重提出申请：

“我是美国人罗恩斯坦。从今天起斯瓦罗斯基的公司已变成我的财产，请法军不要予以接收。”

法军哑然。因为罗恩斯坦已经是斯瓦罗斯基的公司主人，即此公司的财产属于美国人。法军无可奈何，不得不接受罗恩斯坦的申请，放弃了接收的念头。接收美国人的公司是毫无正当理由的，况且美国对于法国来说，是惹不得的。

就这样，罗恩斯坦未花一分钱，便设立了斯瓦罗斯基公司的“代销公司”，轻松自在地赚取销售额10%的利润。

罗恩斯坦轻松致富，是国籍帮了他的大忙，以美国国籍为发家的本钱，再靠列支敦士登国的国籍逃避大量税收，赚取大钱！

这就是犹太人。国籍也是能赚大钱的手段。

犹太人巧妙用国籍的本领与他们两千多年饱受歧视、屡遭迫害的流浪漂泊生活不无关系。他们没有自己的家园，没有属于自己的真正情感和文化意义上的国家。所谓的居住国国籍，也不过是他们借以获取一国公民正常拥有权利的手段之一罢了。因此，国家不过是一个外在化的手段和工具，那么，利用这个工具来为自己谋取更好的生活，来为自己赚取更多的钞票就自然而然了。因此，在犹太人看来，国籍并无神圣性可言。在千差万别的各个地方，有的地方犹太人可以被接受，他们便可以在那里生存发展下去；而在另一些地方，当地的政府对犹太人充满了敌视与仇恨，犹太人备受歧视和迫害，甚至财产也遭掠夺，在这种地方，犹太人只能逃走，另觅他乡；有一些地方是经商的天堂；还有一些地方苛捐杂税多如牛毛。在这些环境和条件各异的地方，选定何处作为立足点，又选定何处作为自己施展才华的空间，犹太人早已有了自己的经验和本能。而作为商人，天生的商业基因使得他们嗅到了任何可以生财、赚钱的途径。利用国籍来赚钱，自然成了犹太人的生意经。

从犹太人选择国籍的情况可以印证这一点。在第二次世界大战前，全世界 1/3 的犹太人集中在 19 个城市，每个城市有 10 万以上的犹太人，其中纽约有 200 万，占美国犹太人的一半。1970 年世界犹太人约 1400 万，其中有 250 万居住在以色列；约 75 万生活在南美和中美洲国家；约 20 万居住在南非和澳大利亚；其余在北美以及英国、法国、瑞士等西欧国家，可见，美国犹太人终于赢得了体面的生活，也获得了一个公民应有的权利和尊严。

犹太人就样精明，国籍也成为赚大钱的媒介。他们认为生意没有禁区，既指交易内容上没有禁区，也指交易对象上没有禁区。

犹太人还经销酒类，在《塔木德》中对酒的评价很低，他们认为："当魔鬼要想造访某人而又抽不出空来的时候，便会派酒当自己的代表。"为此，《塔木德》告诫犹太人："钱应该为生意而用，不应该为酒精而用。"但世界上最大的酿酒公司施格兰酿酒公司，就为犹太人所经营。

施格兰酿酒公司创建于 1927 年，到 1971 年为止，这个公司共拥有 57 家酒厂，遍布世界各地，能生产出 114 种不同商标的酒和饮料。

这些看上去如此矛盾的事，为什么又能和谐地统一在犹太人的身上呢？

因为每一个犹太商人，都会有一张经商"底牌"，那就是他们通常所说的生意无禁区。犹太人的清规戒律繁多，很多人认为犹太人作茧自缚，完全没有必要受这么多约束。

其实，这是出于对犹太人的不了解。实际生活中，犹太人比许多民族都要少受束缚。因为规定越多越详尽，从某种意义上讲反而意味着可以不受限制的地方越多。因此，相比之下，犹太人更加自由了，体现在商业活动中，就是犹太人做生意没有禁区。

犹太作为一个民族，它独立于世界划分的势力范围之外，只存在一种意识形态——上帝及其律法。

因此，犹太人的无禁区体现了他们做生意的时候，尽可能地避免各种非理性的先入之见和属于意识形态因素的影响，这样一种生意经，应该是每个商人不可不学的经验。

卷　二

犹太人的教育智慧

犹太人对家庭教育的高度重视，是犹太人获得如此巨大成就的根本原因。重视亲子教育，是犹太民族最为突出的优良传统。犹太人的教育不但使犹太人精明、富有，而且还使犹太人不管流落于世界任何一个地方，都能如鱼得水般地开创他们的事业。独到的家庭教育造就了无数精英，熔铸了民族之魂，托起了美好希望。

第一章　生存教育：没了生命，一切免谈

迦太基博物馆的魔鬼下棋图

——品，才能懂得苦难的甜

犹太人教育智慧要诀

在犹太人看来，苦难可以转化为生命的财富，人类正是在同魔鬼的战斗中锻炼了自己。

对于苦难，每个人都会有一种不由自主想要逃避的心理，殊不知，经历了苦难之后的生活才能更甜。所以，交给孩子品的本领，他才能够明白究竟什么才是真的甜。

在所有的成就面前，犹太人的苦难也是值得骄傲的。生活的磨难，身体的疾病，生存的险恶，到处被排挤，流离失所，人格歧视……这些苦难早已变成一种力量，随着历史的脚步，从容不迫地传递给每个人。

在迦太基一家著名博物馆里面有一幅画，名为《将军》，画面上是一个人正在和魔鬼下棋，而且危在旦夕，魔鬼正在将军。这一盘棋正是人类命运的象征，而苦难就是那个正在将军的魔鬼。犹太人总是对自己的孩子进行“磨难教育”，在犹太人看来，苦难可以转化为生命的财富，人类正是在同魔鬼的战斗中锻炼了自己。

曾经有这么一则关于“磨难教育”的小故事：

一个研究《塔木德》的犹太学者，刚刚结束他的学习生涯，就到艾黎扎拉比那里，请求给他写封推荐信。

“我的孩子，”拉比对他说，“你必须面对严酷的现实。如果你想写作充满知识的书，你就必须像小贩那样，带着坛坛罐罐，挨门挨户地兜售，忍饥挨饿直到40岁。”

“那我到40岁以后会怎么样？”年轻的学者满怀希望地问。

艾黎扎拉比鼓励地笑了：“到了40岁以后，你就会很习惯这一切了。”

犹太人的“磨难教育”由来已久，“逾越节”就是其中一个最重要的节日。

“逾越节”是为了纪念摩西带领犹太人出逃埃及而设立的，通过讲述祖先的艰难历程和吃特殊的食品，进行忆苦思甜和认识生命的艰难。在逾越节的时候，每家每户的桌上都会摆着3块无酵饼、一盘食品、5种食物和4杯酒，当然，这些食物都具有各自不同的寓意。

先说3块无酵饼，当年犹太人逃离埃及时，来不及准备路上的干粮，只能吃不发酵的饼，3块的说法是为了纪念犹太人的3位祖先。

一盘食品、5种食物，5种食物是：烤羊腿、烤鸡蛋、哈罗塞斯、一碟苦菜、一碟盐渍芹菜。烤羊腿是“逾越节”的祭品，犹太人失去圣殿后，无处献祭，于是就在宴席上用烤羊腿（或烤肉）代替。烤鸡蛋，逾越节的鸡蛋是烤的，烤的蛋很坚韧，很难咬碎，犹太民族就像烤的蛋，受的苦难时间越长越坚强，就像烤蛋烤得越久越坚硬一样。哈罗塞斯，这是一种水果、香料和酒混合的食品，呈泥状。以色列人在出埃及前，法老为难他们，命他们做砖，又不给草料，借此责打他们，哈罗塞斯让人想起做砖的泥。一碟苦菜，是纪念犹太人在埃及受的苦。一碟盐渍芹菜，犹太人出埃及时，喝过红海带苦涩味的海水，盐渍芹菜，意思是要犹太人永远记住出埃及之苦难。

再说4杯酒，逾越节家宴的程序由4杯酒串联，中间会讲一些有关犹太人出埃及的故事，这些故事不仅说明逾越节上所有食品的含义，还讲述了犹太人在埃及所受的主要苦难和出埃及的艰辛旅程。

著名哲学家斯宾诺莎从小就受到这样的教育，父亲讲述犹太人苦难的历史，这在斯宾诺莎幼小的心灵中留下了深刻的印象。童年的斯宾诺莎常常一个人站在犹太怀疑论先驱阿古斯塔的坟墓前凝神冥想，一种为真理而献身的热望油然而生，这种热望也紧紧地伴随了他一生。

事实上，几乎每个犹太人的成功都离不开苦难，比如为了逃避迫害，门德尔松被迫迁居柏林，基辛格一家被迫移居美国……

苦难教育对一个人的一生影响深远，很多人总是逃避苦难，不愿意去品尝，但要知道，只有经历苦难，才能从苦难中汲取动力和能量，只有真正懂得苦难的含义，才能品出苦难赋予它的甜。

然而，现在的很多家庭，家长不舍得孩子吃苦，他们动辄“宝贝宝贝”地叫着，恨不得为孩子做一切。在这样的教育下，孩子好吃懒做、娇气任性，还缺乏责任心、感恩心。站在孩子的角度想一想：很多事情没有经历过，不知道生活还有不如意的一面，很多东西从来都是像天上掉下来的一样容易，不需要费一点心力，这个时候，他怎么有机会、有能力去承担生活给他的各种考验呢?

给他苦难教育，才能让他真正强大。

告诉他世界是不公平的

——要懂得自救

犹太人教育智慧要诀

世界是不公平的，对此，每个犹太人都有着强烈的体验，可贵的是他们能够坦然地面对，并积极地寻求办法自救。他们深深地懂得自救的道理，这也是犹太人生生不息的秘密，也为犹太民族的壮大和奋起提供了保证。

如果犹太人总是哀怨地说：“世界太不公平了，我太不幸了！”那么，显然犹太人不会创造出今天的诸多奇迹。命运再不公，如果不接受就意味着放弃，而自救，忍一时之气，却可以为崛起提供可能。换一种方式，换一种心态，等待你的将会是成功！

有人讥笑刺猬和乌龟胆小，遇到一点事就缩头缩脑，不知道这样的人是否羡慕螃蟹，总是横冲直撞，一副要与人决一死战的模样？

单看结果就知道了，刺猬和乌龟躲过危机，而螃蟹落了个入锅的下场。

生活中难免会遇到各种各样的不幸，很多不幸是自己无法把握的，比如贫穷的命运，比如突如其来的灾难，比如不被尊重和认同，工作发展受挫，别人总是用有色眼镜看自己……这时是像螃蟹一样冲上去与人一争高下，还是像刺猬和乌龟一样忍一时之气，通过努力来想办法拯救自己呢？

钢铁大王安德鲁·卡内基出身贫困。他的父亲威尔·卡内基以手工纺织亚麻格子布为生，母亲玛琪则以缝鞋为副业。1848年，由于父亲失业，卡内基全家迁往美国，居住在匹兹堡附近。为了养家糊口，父亲不得不挨家挨户去推销自己织的桌布；而母亲则为一家鞋店辛苦地刷洗缝补鞋子，经常每天都要工作16~18小时。卡内基则白天做童工，晚上读夜校。据卡内基回忆，那时，他只有一件衬衫，因此，每天晚上，他的母亲总是要等到他睡下之后，赶紧把它洗净、晾干、熨平，以便第二天他能接着穿。

比起那些一出生就富有的人来说，命运对他是很不公平，但卡内基没有抱怨，没有沉沦，相反，他奋发进取，想通过自己的努力来为自己争取幸福的生活。他曾说过：“我从小就力求上进与发奋，决心到长大之后要亲手击败穷困。”

世界不公平，但卡内基懂得曲线自救，忍了一时的贫穷，通过努力，得到了大成功：到19世纪末、20世纪初，卡内基钢铁公司已成为世界上最大的钢铁企业，它拥有2万多员工以及世界上最先进的设备，它的年产量超过了英国全国的钢铁产量，它的年收益额达4000万美元。

比尔·盖茨曾告诫年轻人：社会确实不公平，这种不公平遍布每个人个人发展的每一个阶段。在这一现实面前，任何急躁、抱怨都毫无益处，只有坦然地接受这一现实并忍受眼前的痛苦，才能扭转这种不公平，使自己的事业有进一步发展的可能。

世界是不公平的，对此，每个犹太人都有着强烈的体验，可贵的是他们能够坦然地面对，并积极地寻求办法自救。他们深深地懂得曲线自救的道理，这也是犹太人生生不息的秘密，也为犹太民族的壮大和奋起提供了保证。

此外，韩信受胯下之辱，越王勾践卧薪尝胆，不都是“自救”么？

这也就提醒我们，在教育孩子的时候，不妨学习犹太人，告诉孩子“世界是不公平的”，一个愿意接受这种事实的人要比与世界奋力抗争的人明智得多，因为只有接受了世界的不公平，才能将更多的精力集中在如何改变自己的境遇上，才能为成功提供可能。

“第一商人”的抗8级地震式管理模式

——根植危机意识

犹太人教育智慧要诀

人们曾这样评价犹太人的危机感及忧患意识：“每当幸运来临的时候，犹太人总是最后感知；而每到灾难来临的时候，犹太人总是最先感知。”

犹太人的危机意识像是深深地潜在了生命里，比起动辄喊着“天下太平”的人来说，他们更懂得这个社会的生存法则：社会看起来明亮耀眼，但实际上危机暗藏，任何时候都不要以为是安全的，生活随时会给你这样那样的“意外惊喜”，为了避免措手不及，必须根植危机意识。

都知道犹太人有钱，几百年来，犹太民族是全世界最富有的民族，却很少有人知道，犹太人能达到这一目标，它的核心竞争力是什么？答案就是：犹太人一年365天都处于高度警觉和奋进的状态。

由于历史原因，犹太人总是充满着危机感，这使得他们掌握了许多抵御风险的方式。其中，最典型的就是：犹太人在刚从事商业时就会定下目标，去建立一个“商业帝国”。而“犹太人对‘商业帝国’管理架构的铺设无与伦比，因为这种架构能使其抵抗来自政治、经济、法律甚至自然灾害的种种风险，因此也被戏称为‘抗8级地震’的管理模式。”犹太人的看家本领就是擅长于公司结构的治理，他们通常把企业作为通盘考虑，就像一盘棋，有帅、有车马炮、有卒子，各代表不同的功能，在不同情境下，这些功能有不同的行事方式，这样才能避险，才能立于不败之地。举个例子，最早在避税岛国进行公司注册就是犹太人的发明，同时，由于避税岛国可以申请豁免申报真正的股东，从而起到了很好的保护商业隐私的作用。

当然，犹太人会选择多国多地进行注册，涉及几乎所有行业，有效地进行各类资产、资源的整合。

犹太人不光在商业上具有极强的危机意识，在日常的生活中亦是如此。比如犹太人经常教育自己的孩子“黑暗着开始，明亮着结束”，意图就在于提醒孩子时刻牢记困难，从而时刻怀有危机意识。

人们曾这样评价犹太人的危机感及忧患意识：“每当幸运来临的时候，犹太人总是最后感知；而每到灾难来临的时候，犹太人总是最先感知。”充满危机意识，才能有计划、有目的地制定各种目标和对策，这样即使困难、危机出现，也可以从容应对。

犹太人以各种形式让自己充满危机意识，自然，表现在教育上也是代代相传。因为危机意识绝不是杞人忧天。

有这样一个实验：科学家把一只青蛙放在滚热的油锅里，在快到油面的时候，那只青蛙竟然跳离了油锅；可是，当把这只青蛙放进盛满水的锅里时，下面再放火煮，水越来越热，青蛙却已离不开锅，最后被煮死了。

青蛙的命运不就是人类命运的映照么？只有像那只快到油锅

的青蛙一样，时刻充满危机意识，在任何情况下都保持高度的警惕，才能更好地掌控自己的命运。教育也是同样的道理。所以，充满危机感吧！

洛克菲勒：我不是你永远的船长，要靠自己的双脚走路

犹太人教育智慧要诀

整个犹太群体都非常推崇个人的独立精神，在他们看来，独立精神是一个人拥有一切优秀品质的基础。

“你希望我能永远同你一起出航，这听起来很不错，但我不是你永远的船长，上帝为我们创造双脚，是要让我们靠自己的双脚走路。”洛克菲勒这样告诉儿子。

洛克菲勒家族从发迹至今已经绵延6代，仍未出现颓废或没落的迹象。洛克菲特家族的节俭是出了名的，除此之外，还有很重要的一点，那就是洛克菲勒家族非常重视对子女独立精神的教育。

洛克菲勒家族告诉孩子不要过分依附别人，甚至包括父母。洛克菲勒家族教育孩子不要希望得到别人的保护，还会有意让他们亲身去经历、发现和体验生活中的困难和挫折，尝试可能涉及的危险。

不仅是洛克菲勒，整个犹太群体都非常推崇个人的独立精神，在他们看来，独立精神是一个人拥有一切优秀品质的基础。所以，在犹太人的家庭教育中，培养孩子的独立精神是重中之重。

巴拉尼年小时患了一种骨结核病。因为家庭贫困，没有医治好，他的膝关节永久性僵硬了。一般情况下，父母都会格外地疼爱这样的孩子，可是巴拉尼的父母却很“冷酷”。凡是巴拉尼自己可以做的事情，父母绝对是“袖手旁观”，偶尔表扬他一两句。18岁时，巴拉尼的父母就不再给巴拉尼经济上的支持。后来，巴拉尼的人生充满了坎坷，父母也从来都只是在背后默默地支持。

巴拉尼立志学医，在遭遇了无数次失败后，终于在1914年获得了诺贝尔生理学和医学奖。

也许很多人觉得巴拉尼父母的做法过于残酷，但客观地说，这样的做法是理智的，就像在巴拉尼15岁生日那天，父亲说的："孩子，我们从不把你当成一个残疾的孩子看待，我们不会给你特殊的呵护，因为我们知道没有人能呵护你一辈子，除了你自己。只有当你养成自理的习惯，你才有自立的能力，才能在未来掌握自己的命运。孩子，我们希望你能明白，我们也是爱你的。"正是"残酷"的教育，让巴拉尼独立自强，走上了自己的成功之路。

像巴尼拉这样的例子，在犹太人中不在少数。

犹太人的做法值得我们借鉴，给孩子万贯财富，不如培养他的独立精神，财富可以流失，而独立精神是永存的财富！

"经常申诉，令人厌恶的家伙"

——学索罗斯坚持

犹太人教育智慧要诀

成功并没有什么秘诀，只要抱着"坚持到底，永不放弃"的信念，任何人都可以取得成功。

"太难了，我不学了！"刚学了一个月钢琴，孩子就嚷着要撤退；紧接着，游泳、长跑、打鼓，结果都一样，孩子做事总是三天打鱼，两天晒网，该怎么办？让他听听金融大鳄索罗斯的故事吧！

大家都知道，生命中难免遇到阻碍，作为赚钱工具的投资自然也不例外。也许你一时财富剧增，也许不一会儿你就穷困潦倒。同一时间，有人心花怒放，有人痛哭流涕，客观上说，这些起伏波动都是正常的，关键在于，当面对这些起伏波动时，你所采取的态度是坚持还是放弃？投资大师索罗斯的成功，向我们宣布了答案。

乔治·索罗斯是一个犹太人，出生于匈牙利。他向来就是一个一旦接受了困境的挑战，就不达目的誓不罢休的人，他绝不轻言放弃。为此，人们这样评价他：经常申诉，令人厌恶的家伙。正是这种即使面临拒绝、挫折、失败，也坚持继续努力不懈的做法，为他日后在金融界大展拳脚奠定了坚实的基础。

索罗斯的第一份工作和金融毫不相关，因为当时工作不好找，而对一个没有裙带关系的人来说更是难上加难，而且，索罗斯的经济学学士学位也不能为他的职业生涯提供任何有用的帮助。通过朋友的介绍，索罗斯在英国一家生产新奇产品、纪念品、人造珠宝的装饰品厂当储训人员，成为储备干部后，担任业务代表。

后来，索罗斯又为一位从事批发的顾客工作。他担任巡回业务代表，负责在威尔斯海滨度假区的零售商销售工作。索罗斯曾说："那是我事业生涯中的低潮，那个工作和我对自己的期许相差非常远，而且又是很艰难的工作。最大的好处是，他们给我一部汽车。"虽然做得还不错，但索罗斯明白这种工作并不是他求学的目的，也不是父母期望他做的事，于是他决定彻底脱离。

接连的不如意并没有打倒索罗斯，他仍然坚持着，为自己寻找成功之路。

他开始写信给伦敦每一家商业银行的总经理，要知道，这在当时非常少见，因为没有人会写信给一个素不相识的人。这独特的求职方式看起来似乎并不是什么好做法，他的信只招来一些有趣的答复：有一位叫华特·所罗门的人打电话给他，要求和他面谈，目的只是要指出索罗斯把他的名字拼错了；同时，他也获得拉查德·傅瑞勒斯公司总经理好心的劝说，说他想进伦敦金融圈好比缘木求鱼，建议他远离。因为当时要进入伦敦金融圈都是要依靠裙带关系，下一任总经理往往是由这一任总经理的侄儿、外甥等亲戚来继任。身在这样的环境下，索罗斯并没有放弃，他也没有向社会风气妥协，他依然坚持着，同时不断寻找突破困境的途径。终于，辛格暨傅利兰德公司录用了索罗斯，原因是这家公司的总经理和索罗斯一样是匈牙利人。虽然，索罗斯最终并没有改变当时的社会风气，但他的坚持却为自己赢得了这个踏入金融界的机会。

索罗斯进入了金融界，他用他的坚持和努力，为自己赢得了“金融天才”的称号。从1969年建立“量子基金”至今，他创下了令人难以置信的业绩，以平均每年35%的综合成长率令华尔街同行望尘莫及。索罗斯仿佛具有一种超能的力量，左右着世界金融市场，他的一句话就可以使某种商品或货币的交易行情突变，市场的价格随着他的言论而上升或下跌……

“我的一生是一个漫长的努力过程，是一种整合我所有层面的艰难过程。”索罗斯凭借他在挫折中的坚持精神，踏入了金融界的大门。想一想，我们有多少人因为缺少这种精神，与成功失之交臂呢?

英国首相丘吉尔也十分推崇面对困难坚持不懈的精神。他生命中的最后一次演讲，只讲了8个字：“坚持到底，永不放弃！”这种精神贯穿丘吉尔一生，他的成功实际上也在告诉我们：成功并没有什么秘诀，只要抱着“坚持到底，永不放弃”的信念，任何人都可以取得成功。

告诉孩子们犹太人的故事吧！当孩子抹着眼泪跟你说“再也不学”的时候，你是不是更应该告诉他“坚持”的道理呢?

策略性竞争

——让胜利不费吹灰之力

犹太人教育智慧要诀

家长一定要从小给孩子灌输一种竞争意识，这也是为孩子的将来负责。

“那么点儿孩子，就教他们你争我抢的不好！”

“让他们知道有竞争这么回事就行了，那么费劲做什么？”

这是现在社会上很多父母的心理，带有普遍性。竞争是现代社会的主旋律，如果想让孩子不被社会淘汰，就得告诉他要竞争！而且，竞争还要懂得策略，否则，傻乎乎地冲上去，竞争也难有什么实质性意义。

“孩子只要想着学习就行了，不需要什么竞争！”很多家长心里这样想。

非也！

国外一家森林公园曾养殖了几百只梅花鹿，令人奇怪的是，尽管环境幽静、水草丰美，又没有天敌，可是几年以后，鹿群非但没有发展壮大，反而病的病、死的死，最后竟然出现了负增长。为了改变这种糟糕的局面，后来他们买回几只狼放在公园里，在狼的追赶捕食下，鹿群只得紧张地四处奔跑以逃命。谁也没想到，最后，除了那些老弱病残者被狼捕食外，其他的鹿体质日益增强，数量也迅速增长。

这里告诉我们的就是竞争的故事。

很多人不喜欢竞争，认为竞争就是优胜劣汰，过于残忍，让孩子置身于这样的环境中有碍孩子的身心成长。有人认为竞争显得赤裸裸，使人与人之间毫无温情，担心对孩子产生负面影响，使孩子变得工具化、变得冷漠。

诚然，竞争带有一定的紧迫性，但竞争也带来了更新和发展。社会需要竞争，公司需要竞争，个人更需要竞争。退一步说，人总是具有惰性的，如果没有竞争，势必故步自封，长久下去，将得不到发展，终会被社会所淘汰！

所以，家长一定要从小给孩子灌输一种竞争意识，这也是为孩子的将来负责。

但是，懂得了竞争的重要性，并不意味着家长的任务就完成了，还有很重要的一点，家长还要教会孩子学习怎样竞争。

竞争不是傻乎乎地冲杀，竞争要讲究策略，犹太人就非常善于此道。

早些年，有个犹太商人叫沙米尔，他移民到澳大利亚经商。一到墨尔本，他就轻车熟路地干起了老本行，开了一家食品店。

而他的店对面，此时已经有了一家食品店，店主是一个叫做安东尼的意大利人。可想而知，两家食品店展开了激烈的竞争。

两家不动声色，一直暗暗较劲。为了战胜竞争对手，安东尼想了一个计策，他准备削价。

他在自家门前立了一块木板，上面写着："火腿，一磅只卖5毛钱。"谁知，沙米尔见了，也立即在自家门前立起木板，上写："火腿，一磅四毛钱。"见沙米尔如此，安东尼一赌气，随即在木板上又写着："火腿，一磅只卖3毛5分钱。"此时，价格已降到了成本以下。没想到，沙米尔又写着："一磅只卖3毛钱。"几天过去了，安东尼撑不住了，他生气地跑去找沙米尔，朝他大吼道："小子，有你这样卖火腿的吗？这样疯狂降价，知道会是什么结果吗？咱俩都得破产！"

沙米尔笑着说："什么'咱俩'呀！我看只有你会破产。我的食品店压根儿就没有什么火腿呀，板子上写的3毛钱一磅，连我都不知道是指什么东西哩！"听完，安东尼不禁叫苦连天，他知道这回他是遇上了真正的竞争对手。

沙米尔不费吹灰之力，就打赢了竞争对手，其中就体现了竞争策略。

每一个孩子最终都会走入社会，不妨告诉他真实的社会形态，并模拟社会的竞争模式在孩子求学时就向他灌输并训练，由此让他尽早适应，最大限度地掌握竞争之术，这才能为孩子的发展提供实质性的帮助！

世上无难事，只怕有心人

——犹太人的制胜术

犹太人教育智慧要诀

自强不息的精神是催人奋进和获取成功的法宝，是犹太人的一种制胜术。

成功不是水中的月亮，看得见，摸不着；成功也不是雾中的小花，美丽却闻不见芬芳。成功并不难，难的只是你不愿意成功。

犹太人的成功让世人震惊。

从罗马帝国时起，犹太民族家园被侵占，大部分犹太人被迫离开故土，流散天涯。在漫长的流亡漂泊岁月中，犹太民族虽然灾难迭起，几乎遭到灭族之灾，可是，为什么经历了那么多的不幸，犹太人还能保持犹太民族的特性？他们的宗教、语言、文化、文学、传统、历法、习俗和勤劳智慧的资质从没有因这1900多年的悲惨民族史而分崩离析，他们至今仍保持着自己的特色和民族凝聚力，他们甚至在动荡不安的日子中还做出种种惊天动地的伟业。千百年来，犹太人才辈出，精英遍布世界。

处境如此恶劣，成就却如此突出，究竟是什么原因形成了这种强烈的反差？归根结底，是因为犹太民族具有自强不息的进取精神。

马克思为了共产主义事业贡献了毕生的精力。一生中，他屡受挫折，屡遭驱逐，为了写《资本论》，他花费了整整40年的时间，如果没有自强不息的信念，他又如何坚持？在逝世前，马克思仍然说：“我已经把我的全部财产献给了革命斗争，我对此一点也不感到懊悔。要是我重新开始生命的历程，我仍然会这样做。”

著名的罗斯柴尔德也是犹太人自强不息的代表。在发财前，罗斯柴尔德曾效命于一位公爵，并且做了20年。在这20年中，他一直忍受着公爵对他犹太人身份的鄙视，孜孜不倦地工作着，最后终于成为控制欧洲经济命脉的金融巨擘。

还有世界连锁店先驱卢宾，他也是犹太人。1849年他出生于俄国，后来随父母生活在俄国，因为受到歧视，不得不迁居到英国，在那里由于温饱无保，又不不得迁居到美国纽约。由于没有条件读书，16岁那年，他去淘金。淘金失败迫使他另谋生路，于是他从摆卖小日用品开始，逐步发展成大商店，最后创造出连锁商店经营模式，成为大富豪。

还有很多人，如诺贝尔生理学及医学奖得主巴拉尼、“世界语之父”柴门霍夫、著名犹太诗人海涅、音乐家帕尔曼、文学家戈迪默、影星达斯汀·霍夫曼等著名犹太人，他们无不是在艰难和厄运中自强不息，最终取得了成功。

犹太人并不是什么天生的幸运儿，但都以顽强的毅力取得了成功。以色列为什么能在短短的时间之内跻身于世界经济先进行列？这一切无不得益于自强不息的精神。

由此可以看出，自强不息的精神是催人奋进和获取成功的法宝，是犹太人的一种制胜术。

自强不息能让人产生信心，有了成功的信心，就能设法发挥自己潜在的力量，这种力量用于自己的奋斗目标，就可以排除万难，勇敢地面对现实，坚持不懈，并最终获得成功。相反，没有自强不息精神的人，就会轻易地自我否定，并压抑自我发展的想法和潜力，成功也必然对其敬而远之。

在教育中，我们不妨给孩子讲一讲犹太人的故事，讲一讲这个民族自强不息的精神，借此来鼓励他们勇敢面对生活中的挫折和困难，给他们增添独立面对的信心和勇气！一个懂得自强不息的孩子也最能享受成功带来的幸福感觉！

搜索机会

——美国无线电工业巨头的提示

犹太人教育智慧要诀

犹太人坚信，在这个世界上，只要你有意搜索，只要你用心努力，到处都存在机会。自叹找不到脚下金矿的人，是既可怜又可悲的睁眼瞎子。

很多人总是习惯于等待机会，可是，机会是要用心去搜索的，只要努力，机会就潜伏在你的四周，随时成为你成功的催化剂！告诉孩子，等待机会不如搜索机会！

该就业了！有的大学生坐在家里干等着，说是等机会；有的大学生走马观花，还没真刀真枪地战斗就纷纷落马；还有的躲起来喝酒，哀叹时光流逝，大学光阴虚度……当然，优秀的人才早已被一些大企业预先抢订了，为什么？答案就一个，成功的学生善于搜索机会。从小，这些人就注意自我修炼，因此在找工作的时候，机会就像雨后的小笋芽一样，乐滋滋地冒出来了。当然，这归功于良好的教育。

犹太人就非常善于搜索机会！犹太父母常常讲述故事来教育孩子们，让他们懂得搜索机会。

犹太人萨尔诺夫，9 岁时随父母移居美国，家庭的贫困让他没有太多机会读书。读小学时，他不得不利用放学时间及假期做工以挣钱贴补家用。在他小学快毕业时，父亲去世了，他只好辍学去当童工。

他并没有抱怨父母，也从不哀叹自己的命运，相反，他一直积极地充实自己，为自己寻找各种各样的机会。他工作很勤恳，在供给家用之后，他还省下钱买书自学。后来，他终于在一家邮电局找到一份送电报的工作。

他十分珍惜这个机会，他发誓要掌握电报技术，以后当电报业的老板。

20 世纪初，电报刚问世，还属于先进科技，萨尔诺夫暗下决心，一定要好好学习和工作。10 多年里，他把收入最大限度地节省下来，白天他卖力工作，晚上读夜校，他渐渐地获得了老板的赏识并得到提升。

1921 年，为了发展业务，他的老板分设了“美国无线电公司”，萨尔诺夫被委任为总经理。他终于可以大显身手了！最后，他如愿以偿地成为美国无线电工业巨头。

犹太人始终相信，只要肯努力，就一定有机会。而现实生活中，很多孩子不愿意付出，只想白白地得到机会，这样在无形中，比起那些一直努力付出的人，他的机会显然就少了很多。人的一生，要想成功，就必须主动地为自己寻求机会，家长从小就应该这样教育孩子。

世界最大的制片中心好莱坞的老板高德温，是一位波兰出生的犹太人，从他传奇的一生中我们可以学到很多。

1882 年，高德温出生于华沙。他 11 岁丧父，家庭生活非常困难。为了生计，他流浪到英国伦敦，曾在铁匠店里当童工。他没有机会进学校，就利用空闲时间自学。后来，他就到了美国，起初是打工，后来自己经营手套工厂，最后发展成为好莱坞制片中心的老板。在这个过程中，他从来都不怕苦和累，一直努力地付出。高德温的发展过程，可以说是众多犹太人的生活缩影。

犹太人坚信，在这个世界上，只要你有意搜索，只要你用心努力，到处都存在机会。自叹找不到脚下金矿的人，是既可怜又可悲的睁眼瞎子。犹太人还认为，人生的机会，大量存在于本身的周围和本身所潜在的条件中，关键在于你是否练就了开发这些条件的眼光和意志。

犹太人的成功经验也是对家庭教育的启发，我们不得不提醒自己，与其让他们仰头等着天上掉下机会，不如告诉他们，机会要自己搜索，并帮助他们从小就为自己创造机会！

即使明天是末日也不要放弃今天

犹太人教育智慧要诀

即使明天就是末日也不要放弃今天，只要你不向困境低头，不向命运弯腰，你就有机会实现目标。

同样一杯水，消极的人看到的是“只剩下半杯了”，积极的人却想着“还剩半杯呢”；同样一堆玩具，消极的人想的是“玩具会被玩坏”，积极的人却想着“如何更多地开发这些玩具的功能”。不同的想法直接决定了一个人看待世界的态度，事实证明，乐观积极的人，他们的天空更美！

一个乐观的人即使身处困境也能看到机会，而悲观的人即使机会在手边也只看到危难。犹太人一直认为，乐观的态度对孩子的成长发育起着至关重要的作用，因此每一个犹太父母都会培养孩子积极乐观的精神。

犹太人有一则名叫“飞马腾空”的童话故事，犹太父母经常讲述给孩子听。

从前，有一个人因为惹恼国王而被判了死刑，这人请求国王饶他一命，他说：“只要你给我一年的时间，我就能让您最心爱的马飞上天空。如果过了一年，您的马不能在天空自如飞翔的话，我宁愿被处以死刑，绝不会有半点怨言。”国王答应了他。他回到牢房之后，另一位囚犯对他说：“你不要胡说了，马怎么能飞上天空呢？”这个人回答说：“在一年之内，也许我自己会病死，也许国王会死，也许那匹马出了意外送了命，总之，在这一年之内，谁知道会发生什么事呢？所以只要有一年的时间，没准马真的能飞上天空！”

说不准，这种乐观的态度也许最后真的能保住他一命！

这个犹太囚犯从小就被父亲教育道：“即使明天就是末日也不要放弃今天，只要你不向困境低头，不向命运弯腰，你就有机会实现目标。”因此，长大后，即使在面对死亡时，他也没有惊慌失措，更没有低头认命，乐观让他为自己寻找一切生还的希望来求拯救自己。

犹太民族一向很乐观，他们的乐观表现在一个重要的方面，那就是他们以苦中作乐而著称。

综观犹太人颠沛流离的历史，我们可以发现，他们大多数时期都与苦难为伴，然而他们对生活一直都保持着乐观的态度，否则，这个民族又怎么能经受得住那么多的折磨，最后幸存下来呢？事实上，也正是苦难造就了犹太人不可动摇的乐观精神。欢乐和笑声是犹太人生活中必备的良药，这使他们总能保持一种乐观的生活态度。

犹太人很注重培养孩子的乐观精神。有这样一个故事常为犹太父母所津津乐道：

二战期间，这两个不幸的犹太人一起被捕了。他们被分关在两个相邻的牢房里，每个小房间都有一个很小的窗口，牢房里仅有的那点微弱阴暗的光，就是从那里射进来的。

白天，所有的犯人都会被赶去做苦工，他们随时都可能性命不保。晚上，活下来的犯人在自己潮湿的小牢房里思念着家乡与亲人。这一切，他们两个人都不例外。只是当他们都把思念的目光投向窗外时，一个人发现了铁铮铮的窗棂，一个人看见了明亮的星星。

看见窗棂的人满心忧伤：这铁窗是如此坚固，什么时候我才能冲出去与我的家人团聚啊！

看见星星的人满心欢喜：真好，虽然隔这么远，但是我能和我的家人一起看星星。没准儿，我们看到的还是同一颗星星呢。

就这样，前者日日夜夜忧伤，身体越来越消瘦，精神状态也越来越不好。而后者却每天都乐观积极，一心想着出狱以后的美好日子，一点也不像坐牢的人。

几年之后，二战结束了，幸存下来的犯人都被释放了。看见星星的那个人满心欢喜地跑出牢房朝着家乡的方向奔去。而看见铁棱的那个人却早在一年前就死了，是自杀。

一些孩子小小年纪就想着自杀，他们还尚未理解生命，就轻易地放弃了生命；很多孩子总是习惯无限地放大眼前的困难；还有的孩子遇到点事情就想着“完了、没救了”，这些都是消极的表现。

家长应该注意，等待孩子的将是长长的一生，如果眼前一点暂时的小困难都应付不了，今后又如何经得起大风大浪？很多家长总是习惯于帮助孩子解决问题，与其事事代劳，不如培养他乐观的心态，教给他面对困难的勇气。只有有了乐观的心态，才能积极认真地面对生活，才能在遇到困难时也不灰心，不气馁，最后顽强地坚持到底！

第二章　学习教育：犹太人独步世界的快捷方式

学者的地位高于国王，教师比父亲更重要

犹太人教育智慧要诀

“即使变卖一切家当，使女儿能嫁给学者也是值得的；为娶学者的女儿为妻，纵然付出所有的财产也在所不惜。”

在犹太人看来，学者的地位高于国王，教师甚至比父亲更重要……看似不可思议的背后，原因很简单，那就是因为他们极其重视学习。学习，是犹太人成功的第一黄金定律；学习，是犹太人智慧强大的最重要秘密！

“看你也不是学习的料，干脆下来学个什么技术得了！”

无意中，你撕坏了孩子的书，你淡淡地说：“重新买一本好了！”

“你们班老师挣的钱还不够我的零头，学习有什么用？”

所谓有果必有因，很多家长，总是在无形中向孩子传递“知识无用”的观点，这样又怎么能要求孩子“争气”呢？相反，犹太人的态度和做法就很值得借鉴！

比如每个犹太人必须学习的《塔木德》，上面就写着很多格言，让人受益匪浅：

教育是人人都必须接受的，愚蠢的人受教育，可以去掉他们本性中的愚蠢。

聪明人更需要接受教育，因为聪明人如锋利的刀，不接受教育，砍到不该砍的地方，其破坏力更大。其活泼的心性，不去忙

碌有益的事情，就会干出有害的事情。正如肥沃的田地，不种上庄稼，就会长出茂密的野草一样。

富人和穷人都要接受教育。

富有的人没有智慧，岂不像吃饱了糠麸的驴子一样无知至极。

贫穷的人不懂得学习，宛如一头负重的驴，只知道用自己愚昧浅薄的观点来挑战世界，结果只能是头破血流或弄出许多笑话。

除此之外，《塔木德》上还写着：

无论谁为钻研《托拉》而钻研《托拉》，均会受到种种褒奖；不仅如此，整个世界都受惠于他；他被称为一个朋友、一个可爱的人、一个爱神的人；他将变得公正，虔诚，正直，富有信仰；他将会远离罪恶，接近美德；通过学习，他会享有全面认识世界的聪慧和智性的力量。

12 世纪时，犹太大哲学家迈蒙尼德还宣布："每个犹太人，不管年轻还是年老，强健还是羸弱，都必须钻研《托拉》，甚至一个乞丐也必须日夜钻研。"

犹太人对学习的重视，由此可见一斑。为了教育孩子爱读书，犹太父母还在孩子识字之初，把蜜蜂滴在《圣经》上，让他们尝到知识的"甜蜜"。犹太人养成了全民好学、全民信仰知识的良好传统，这自然也成了犹太人成功的第一黄金定律。犹太人为何那么聪明，答案也不难找了。

犹太人重视学习还表现在很多方面，比如犹太人认为求知永无止境，比如犹太人非常爱护书籍，他们从不焚烧书籍，即使是一本攻击犹太人的书。在人均拥有图书馆、出版社及每年人均读书的比例上，犹太人（以色列人）超过了世界上任何一个国家，堪称世界之最。犹太人家庭还有一个世代相传的说法，那就是书柜要放在床头，要是放在床尾，会被认为是对书的不敬，进而遭到大众的唾弃。

当然，最为典型的要数犹太人对于学者和教师地位的认定。

在犹太社会，学者和教师受到极大的尊崇。当其他民族王公贵族、军政要员和工商业者的地位在学者之上时，犹太人却始终认为学者比国王伟大。他们一直奉行着这样一条格言："即使变卖一切家当，使女儿能嫁给学者也是值得的；为娶学者的女儿为妻，纵然付出所有的财产也在所不惜。”在犹太人看来，一个家庭里，没有比出一名或几名博士更为荣耀的了。

犹太人还觉得教师比父亲重要。假如父亲和教师双双入狱，而且仅能救出其中一人的话，孩子就会决定救出教师，因为在犹太社会里，传授知识的教师非常重要。

犹太人如此重视学者和教师，这是犹太民族重视学习的表现。试想，在这样重视学习的氛围中，能够成就那么多专家、学者，也是理所应当的了。

犹太民族历经磨难，却成为世界上最受瞩目的民族，不得不归功于他们对学习的重视。作为父母，我们应该学习犹太人，教育孩子爱学习，培养他们爱读书的习惯，从而让他们从学习中汲取无穷的智慧和力量。

潜能递减谁之过

——早教势在必行

犹太人教育智慧要诀

一棵树，如果按照它理想的状态生长到30米高，那么我们可以说这棵树具有长到30米高的可能性。同样的道理，一个儿童，如果按照理想状态成长，能够长成一个具有100度能力的人，那么我们就可以说这个儿童具备100度的能力。

很多家长总是认为，孩子自己会长大，家长只需耐心等待就行了。殊不知，就是在这样的等待中，家长错过了对孩子的最佳培育期，本来孩子具备的潜能是100度，最后即使教育再出色，他也只能具备80度的能力。

“孩子还小，着什么急！”就是在“不着急”心理的支配下，家长错过了孩子的成长期，再后悔也来不及了！

“看孩子这股聪明劲，哪需要你操心啊！放心吧，长大一定有出息！”言外之意，只要静静地等着，孩子自己就可以优秀起来。

“哪有那么复杂啊！我小时候照样没人管，还不是长得好好的？！”意思是教育可有可无。

很多家长都存在这样的想法，事实证明，这样只会误了孩子！

一位犹太拉比说：“人刚生下来没什么两样，但因为环境，特别是幼小时期所处的环境不同，有的人可能成为天才或英才，有的人则变成了凡夫俗子甚至蠢材。就算是普通的孩子，只要教育得法，也会成为不平凡的人，假如所有的孩子都受到一样的教育，那么他们的命运决定于禀赋的多少。”

这也就是说，教育对于一个人的成长起着至关重要的作用。孩子天赋再高，如果没有经受适合的教育，那么他也很可能变成平凡的人。

很多人在意识深处并不觉得孩子具备学习能力，认为教育对于幼小的孩子显得为时过早，这样的想法是错误的。很多犹太教育家告诉我们，婴幼儿具备非同寻常的学习能力，这种能力比常人认为的要高得多，也复杂得多。婴儿时期的学习是非常重要的。

教育家们还指出，婴儿具有辨别母亲面孔和声音的能力，婴儿的这种记忆能力，是既原始又极为高级的智能，而不正确的早期教育却偏偏无视这些卓越的能力，从而使孩子极为珍贵的能力被白白浪费。

事实上，每个孩子都是有潜能的，但教育方式不同，儿童潜能的发挥也不同。犹太教育学家约瑟伯约说：“一棵树，如果按照它理想的状态生长到 30 米高，那么我们可以说这棵树具有长到 30 米高的可能性。同样的道理，一个儿童，如果按照理想状态成长，能够长成一个具有 100 度能力的人，那么我们就可以说这个儿童具备 100 度的能力。”

这其实也告诉我们，一个生下来禀赋只有 50 度的一般孩子，若教育得当，也会优于生下来禀赋为 100 度却得不到有效教育的孩子。教育的意义也就在于使孩子的潜在能力达到最高，并得以充分发挥。只要充分发挥出这种潜在的能力，就能做出不平凡的事情来。

遗憾的是，现实生活中，很多人对此并不重视。

而且，一位犹太老教育家曾指出：人的潜能并不是恒定的、永存的，而是呈现一个潜能递减规律。他说："儿童虽然具备潜能，但这种潜能是呈现递减法则的。初生婴儿具有的潜能是100度，如果父母这时不对孩子进行早期教育，开发和利用他的潜能，而是等到孩子5岁时才让他接受教育，这时，即使是最为出色的教育，那也只能成为具备80度能力的人。而如果从10岁开始教育的话，即使教育再好，这孩子也只能达到60度的能力。以此类推，孩子的教育越晚，对孩子的开发价值就越低。"

教育不能错过，因为成长不会反方向进行，孩子更不可能等到父母认识到问题的严重性之后才长大，家长必须意识到问题，然后带着问题去解决，这才是家长最需要做的。

兴趣第一

——科学家、政治家的成功感言

犹太人教育智慧要诀

兴趣可以让一个人变得充满激情，兴趣可以让一个人全力以赴，兴趣可以让一个人取得意想不到的成就，这些都是强迫式教育所得不到的。

没有兴趣的学习就是机械式的学习，为了应付而学习；没有兴趣的工作，就是被动的工作，为了生存而工作。这不应该是每个人在做事情时正常的状态，因为这样只能让一切毫无趣味可言，那么，做这件事情本身也就失去了最根本的意义。所以，作为父母，要懂得以兴趣作为孩子行为的动力，这才是最巧妙而且最为有效的做法。

"宝贝，学小提琴吧，你看多高雅！"

“可是我不喜欢！”

“宝贝，这可是我和你爸爸一直的心愿，你看，我们给你买了最好的小提琴，又给你请了那么好的老师，你就学学吧！再说了，会拉小提琴显得你多有气质啊！”

苦心婆口之后，孩子勉强学了小提琴，可最后，父母的脸上没有流露出什么高兴的神色，反而是一副“恨铁不成钢”的表情。为什么？孩子被逼着学，能学好吗？就算最后能弹奏乐曲，相信他的琴声里定然没有感情。人只有在做自己真正感兴趣的事情时，才能投入百分之百的热情。

犹太人就深知这一点。

费曼是第二次世界大战后美国最天才的理论物理学家，他所创造的“费曼国”，被人们拿来和电子元件中的“硅片”相提并论，二者都大大提高了计算机的工作速度，在效果上千百倍地延长了科技人员的寿命。诺贝尔奖得主汉斯·贝特曾说天才有两种：普通的天才完成了伟大的工作，但人们觉得那工作别人也能完成，只要足够努力就行了；特殊的天才，他做的工作别人谁也不能做，而且完全无法设想。贝特认为费曼属于后一种天才。

为什么费曼能成为这种“特殊的天才”呢？据说，在费曼很小的时候，父亲就买了五颜六色的“马赛克”给他玩，让他摆出各种花样。等他稍大后，父亲又经常带他散步和做游戏，和他讨论为什么小鸟会不断地啄自己的羽毛之类的问题，借以激发他认识事物的兴趣和习惯。稍大一点，父亲不仅帮助他在家中建立了自己的实验室，还培养他成为修理收音机的能手。

父亲对儿子兴趣的培养和教育让费曼取得了优异的成绩：24岁，费曼获得博士学位，28岁担任康内尔大学教授，47岁获得了诺贝尔物理学奖。

兴趣对一个人的影响极为深远，除此之外还有以色列的第一任女总理梅厄夫人。

梅厄夫人从小就对政治活动感兴趣。小学毕业后，她到了姐姐家。因为当时姐姐家是犹太的大本营，常常有许多人在此讨论至深夜，小小年纪的果尔达·梅厄被深深地吸引住了，这对她也产生了潜移默化的影响，促使她后来成为一名优秀的女政治家。很小的时候，她就积极地参加政治活动，或募捐或演讲。父亲虽然最初表示反对，但最后还是支持了女儿。

凭借着神圣的民族责任感和狂热的政治热情，梅厄和姐姐放弃了在美国舒适的生活，返回了故土，并成为以色列出色的女外长和优秀的女总理。也正是她从小对募捐和演讲的天赋，使她临危受命，一举在美国募捐了5000万美元，比原计划超出了一倍。正如“以色列之父”本·古里安所言：“有一天要写历史，将写上一位犹太妇女，她弄到了使这个国家能生存的钱。”

兴趣可以让一个人变得充满激情，兴趣可以让一个人全力以赴，兴趣可以让一个人取得意想不到的成就，这些都是强迫式教育所得不到的。家长们望子成龙的心情可以理解，但请家长务必注意，只有建立在兴趣的基础上，学习和其他事情才能真正有效。兴趣第一，这是诸多犹太名人对教育的告诫！

树大自然直

——前提是习惯把关

犹太人教育智慧要诀

好习惯可以影响一个人的一生，坏习惯同样可以影响一个人的一生，很多人成年后有着诸多毛病甚至走上犯罪的道路，可以说，教育在其中起着重要的作用。

抱着“树大自然直”观念的家长们，还是更新一下想法吧，因为这一个想法很可能影响孩子的一生。

很多家长并不知道习惯的重要性，或者即使知道了也从未用心地思考过如何培养孩子的习惯，这是一件让人痛心的事情。

习惯对于一个人的影响意义深远，不妨听一听卡尔·威特的故事：

卡尔·威特出生时是早产，生下后又总是生病，最后病虽奇迹般地治愈了，却反应迟钝。经过多次测验，人们断定他是一个低能儿。但威特的父亲并没有因此就放弃对儿子的教育，他深知习惯对于一个人的影响，于是就给儿子设计了一整套最完美的教育，通过帮助威特建立一种好习惯，从而把一个白痴教成了天才。

威特体弱多病，为了让孩子变得健康，威特的父母为儿子建立起一个非常规律的饮食习惯。他们定时给孩子吃东西，即使孩子饿得直哭，时间不到也不会给孩子喂奶。到孩子能自己吃东西时，在两餐饭之间也不让他吃任何食物，只能喝水。慢慢地，威特变得健壮起来。

为了培养威特的好奇习惯，威特的父母几乎每天晚饭后都要带他出去散步。一路上父亲不停地跟儿子讲解，并有意识地让他注意高树、草丛、鸟儿、栅栏、路灯、马车……渐渐地，小威特对外面的世界总是充满好奇心。

在威特学习功课时，他父亲绝不允许有任何干扰。威特的父亲严格地规定他的学习时间和游玩时间，培养他专心致志学习的习惯。

父亲还很注意培养威特专注的习惯。为此，父亲平均每天给他安排 45 分钟的功课学习时间，在这个时间内，不允许任何人打扰，如果威特不专心，也会受到严厉的批评。

此外，威特的父亲还注意培养孩子做事敏捷灵巧的习惯。如果威特做一件事磨磨蹭蹭，即使做得再好，威特的父亲也不会满意。

当然，还有很多，比如精益求精的习惯、坚持不懈的习惯、认真执着的习惯……

在习惯的作用下，威特八九岁就精通德语、法语、意大利语、拉丁语、英语和希腊语 6 种语言，并且通晓动物学、植物学、物理学、化学，尤其擅长数学；10 岁时他进入哥廷根大学；年仅 14 岁就被授予哲学博士学位；16 岁获得法学博士学位，并被任命为柏林大学的法学教授；23 岁时他出版了《但丁的误解》一书，成为研究但丁的权威。而且，跟那些后劲不足的神童不同，卡尔·威特一生都在德国的著名大学里教课，传播他的思想和智慧。

不知道家长看完之后做何感想？

好习惯可以影响一个人的一生，坏习惯同样可以影响一个人的一生，很多人成年后有着诸多毛病甚至走上犯罪的道路，可以说，教育在其中起着重要的作用。

一个罪犯临刑前，有人问，他有什么心愿，他说他想见母亲。母亲来了，他跟母亲说要吃奶，令人意外的是，他咬下了母亲的奶头。

他说："小时候，妈妈给我们吃苹果，她问谁要大的，哥哥说他要大的，结果被母亲批评了一顿；我说要那个小的，母亲不但给了我大苹果，还表扬了我。从此，我知道撒谎可以得到自己想要得到的东西。渐渐地，我就学会了偷窃……我恨她，如果不是她，我不会有今天……"

我们暂且抛开这位母亲的教育方式不谈，单单说她在分苹果过程中，竟然没有发现小儿子撒谎，即使这一次没有发现，在以后的教育过程中也没有发现么？如果她能够及早地发现并制止，又怎么会有后来的悲剧呢？

有人觉得这样的事情离自己很遥远，那我们不妨还原一下众多家教概念：

"孩子嘛！还小，难免有这样那样的毛病，也不能要求太高！"

"树大自然直！长大了孩子就懂事了，知道是非了，就不会再犯错了，不用那么大惊小怪的！"

……

这样的错误家教观念下成长的孩子，自然问题丛生。

"这孩子怎么那么讨厌上学呢？小时候哭着不肯上幼儿园，还以为长大就好了，现在还变本加厉了！"

"我家孩子老是睡懒觉，这不，都上初中了，还总是迟到！"

"这孩子，这么大了还是那么不省心，老是丢三落四的！"

"我家孩子总是改不了拖拉的坏毛病，真把人急死了！"

……

为什么曾经的小问题最后变成了“急死人”的大问题了呢？严重点，甚至有的孩子殴打父母、偷窃成瘾，最后进了少管所，原因只在于，家长忽视了习惯的存在。

孩子自私、拖拉、撒谎、任性等，最后都很可能导致走向一条不该走的路。作为家长，我们有责任也有义务帮助孩子培养良好的习惯。无论是学习，还是生活，都要有一个良好的习惯，犹太人在教育中对这一点极为关注。

所以，不要再想着“树大自然直”了，想一想：一棵带有枝丫的、弯弯曲曲的小树，长大能直吗？

懒驴推磨

——没目标将一事无成

犹太人教育智慧要诀

目标让人更加清楚自己，让人在前进的道路上更加清醒和自信。目标给人以方向和动力，促使人为了实现它而奋斗一生。

很多人总是要别人推着走，即便别人推着也是茫茫然地走，毫无方向。就像一只推磨的懒驴，被动且没有目标，这样注定只能一事无成！

“你的目标是什么？”

很多孩子在被问到这个问题时总是一脸茫然，对于目标这种抽象的东西，他们没有意识，或者夸张点说，别说孩子了，甚至很多成年人对目标都没有概念。

犹太人则相反。犹太人最擅长的就是从小就确立自己的奋斗目标，随后，集中有限的时间和精力去攻克一个目标。这样的做法往往使他们能够集中力量，所以犹太人的成功率也要比别人高。

在人生的竞赛场上，不乏智力和能力相当不错的人，但他们为什么没有取得成功？在很大程度上，是因为他们没有确立目标或没有选准目标。没有确立目标，是不容易得到成功的。打一个简单的比方，有一位百发百中的神技射击手，如果他漫无目标地乱射，结果可想而知。

成功需要目标。

大卫·布朗是英国的一位商人，他是犹太人。他的发迹过程，得益于他确立了目标。

1904年，布朗出生了。他的父亲经营一家小型齿轮制造厂，几十年来一直惨淡经营，仅够赚取一点生活费。父亲总结自己的经历时告诉儿子，这是他没有选好奋斗目标的原因，并把希望寄托在儿子身上。为此，他严格要求布朗勤于学习和读书，每逢假日就规定他到自己的齿轮厂去参加劳动工作，与工人们一样艰苦工作，绝无特殊照顾。

在父亲的教育下，布朗渐渐地熟悉了工业技术的知识，养成了艰苦奋斗的精神，并结合当时的市场情况，最后形成了自己的人生奋斗目标。通过观察，布朗发现当代人对汽车使用已经普及，他预感汽车大赛将会成为人们的一种流行娱乐。加上自己在齿轮业务方面积累的经验，布朗为自己定下了目标，大力发展赛车。他一步步地朝着自己的目标奋斗。他克服了重重困难，成立了大卫·布朗公司，然后聘请专家和技术人员做设计，并采用先进技术设备进行生产。1948年，在比利时举办的国际汽车大赛中，布朗生产的“马丁”牌赛车夺了魁，大卫·布朗公司因此一举成名，订单如雪片般飞来，布朗从此走上发迹之路。

目标让人更加清楚自己，让人在前进的道路上更加清醒和自信。目标给人以方向和动力，促使人为了实现它而奋斗一生。

爱因斯坦，在这方面就是典范。

爱因斯坦自幼家境贫困，加上自己小学、中学的学习成绩平平，虽然有志向科学领域进军，但他知道自己必须量力而行。他对自己进行了一个自我分析：虽然总是成绩平平，但对物理和数学有兴趣，成绩较好。因此，只有在物理和数学方面确立目标才能有出路，其他方面是比不上别人的。于是，在读大学时，他选读了瑞士苏黎世联邦理工学院的物理学专业。

由此，爱因斯坦就确立了自己的目标。为了实现目标，爱因斯坦付出了极大的努力，并最终取得了令人瞩目的成就：26岁时，他发表了科研论文《分子尺度的新测定》，以后几年他又相继发表了4篇重要科学论文，发展了普朗京的量子概念，提出了光量子除了有波的性状外，还具有粒子的特性，圆满地解释了光电效应，宣告狭义相对论的建立和人类对宇宙认识的重大变革。爱因斯坦取得了前人未有的显著成就！

由此也可以看出，确立目标对一个人的重要性。假如爱迪生当年在文学上或音乐上彷徨，这也学几天，那也学几天，恐怕我们很可能就不知道他的存在。

综观犹太人的成功经历，我们发现犹太人不管是从商、从政或是从事科学事业，都注重确立人生奋斗目标，他们认为目标决定一生，目标可以激励人不畏千辛万苦，充分发挥自己的潜在能力。在教育上，他们也一直这样教育着自己的孩子！

作为家长，我们是否也应该从中学习些什么呢！

犹太人的高效学习法

犹太人教育智慧要诀

在犹太人看来，学习是一件讲究方法的事情，并不是凭着蛮劲就可以学好的，为此，他们总结了很多独特的方法。

学习是哪个民族都会的事情，可是诺贝尔奖却只有犹太人能轻易获得，这是为什么？看了犹太人独特的学习方法，你就知道了！

很多孩子学习不懂方法，所以，即使他们费尽力气，最后还是难以取得成绩。

在犹太人看来，学习是一件讲究方法的事情，并不是凭着蛮劲就可以学好的，为此，他们总结了很多独特的方法，在这里，跟众位家长一起分享一下：

一、注重对阅读的培养

婴儿6个月时就已经开始熟悉声音，并对纸上的东西发生兴趣，尽管他们不懂内容，只要朗读给他们听，就能使他们熟悉并喜欢父母的声音，这也为日后的教育打下基础。研究表明，孩子喜欢听故事，即使是重复的故事。通过听故事或者自己阅读，孩子可以自由发挥想象力，阅读也有助于孩子好奇心和专注力的培养。这为孩子日后的发展都打下了良好的基础。

二、投入学习法，把书印到大脑里

在研究《塔木德》学院的学生，很多都是从早到晚一直学习的，他们经常捧着书，口中不住地读着什么。这种学习方法就是“投入学习法”。在学习的时候，可以动用全身的器官进行辅助。比起我们通常的做法，如用彩笔标出需要背诵部分，这样的学习方法更有效。因为我们的做法是为了应付考试而进行的有效背诵，考试结束了，记忆的东西就被忘了大半。而“投入式学习”不同，如前面所描述的，犹太人学习是将眼睛看、口读、耳朵听等各种方式综合起来，而不是单纯的阅读。阅读时，他们还采取吟读。此外，犹太人还喜欢抑扬顿挫地朗读，并按一定的节律左右摇摆。他们一边手拿课本，一边动用全身的各种器官，按照文章的意思，将自己完全投入。

在犹太人看来，一旦你的记忆容量变大了，你的大脑就有能力不断地储存新的信息。

三、扮演老师，让学习突飞猛进

一项脑力测试表明：学生只能吸收教师在课堂上所讲内容的10%左右。如果一个学生自己阅读材料，那么其吸收率将急速提高到70%左右。如果学生再将所学的内容教给别人，无论他是扮演一个教师的角色，还是在合作性的学习环境下讲授，他将掌握有关内容的90%。犹太人熟知这一点，所以在家庭中，他们经常创造环境，鼓励孩子通过扮演老师来提高学习效果。如家长扮作学生，虚心向孩子请教各种问题，或者给孩子购买数个娃娃，让孩子给这些娃娃上课。渐渐地，有一天你会发现，孩子掌握的东西比你所掌握的还要多。此外，通过这样的一个方法，孩子也能变得自信，并能认识到自己的价值。

四、自教自学

犹太人认为“孩子不可能永远接受学校教育，孩子长大了，就必须有自教自学的能力，才能不断丰富自己的学识”，所以犹太人鼓励自己的孩子自学成才。他们通常会使用下面这套自学方法来丰富自己的知识：（1）从小养成了良好的自学习惯，在固定的时间和地点进行自学；（2）根据自身情况，制定相应的学习任务和计划，然后大量阅读，以开阔视野，使知识日渐广博；（3）广泛阅读，结合精读，精读的这部分内容要选取对自己有价值的领域，深入研究，使之真正转变为自己的知识；（4）通过别人的“头脑”学习，在阅读时，发现难以理解的内容时，犹太人习惯将书借给周围有学识的人读，通过参考别人的读书心得，来对知识进行深化理解并吸收；（5）多种形式、多种渠道自学，比如与人交谈等，这样可以在无形中增长自己的见识。

犹太人独特的教子方法成就了很多伟人，如果想让你的孩子成功，就试试看吧！

读101遍要比读100遍好

——有效记忆

犹太人教育智慧要诀

人类的一切活动，从简单的认识和活动，到复杂的学习和劳动，都离不开记忆。没有记忆，人们的思考就失去了前提。没有记忆作为基础，人们的智力活动也将受到限制。

很多孩子嚷嚷“背诵是一件痛苦的事情”“我的脑袋里再也填不下任何东西了”，为什么孩子如此惧怕记忆，为什么记忆对于他们而言是那么的难？记忆真的有什么神奇的方法吗？

很多人孩子害怕背诵课文，害怕记忆公式，而家长们为了提高孩子的记忆力，可谓使尽浑身解数，补品、营养品堆积如山不说，还请教名师，可最终结果却仍然收效甚微，原因何在？

很多都说犹太民族是一个天才的记忆的民族，对比他们的教育，也许就会发现你在教育中存在的漏洞了。

孩子还很小的时候，犹太父母就对他们进行严格的记忆训练。

有一个犹太小孩，刚 3 岁，父亲就把他带到类似私塾的地方，开始学他们的书面语希伯来文。孩子会读之后，父亲又让孩子背诵通用祈祷文。这位父亲从不要求孩子了解文章的意思，只是教他读，以背诵为目标。在他看来，如果这个时候没有帮助孩子创建起记忆力基础，那么往后就没有办法学到其他知识了。当孩子到了 5 岁时，他又让孩子背诵《圣经》和《摩西律法》。父亲规定孩子在 7 岁之前必须背诵摩西五书中的《创世记》《出埃及记》《利未记》《民数记》《申命记》，他要配合旋律，反复地朗诵几百遍。7 岁后，孩子就学习《旧约》剩下的部分以及《犹太法典》。到了 13 岁，在接受成人典之前，孩子就已经全部会背诵本民族基本的学问了。

这样的记忆教育每一个犹太父母都懂得，犹太父母这样跟孩子说：读 101 遍要比读 100 遍好。

很多人听了，也许认为这是死记硬背，然而事实证明，这样的“死记硬背”颇为奏效。这样的教育在潜移默化中为孩子的大脑建立了一个大容量的记忆系统，这个系统一旦建立，接下来就很容易吸收各式各样的知识。只有这样的大脑，才能贮藏起丰富的信息知识，而只有脑内拥有丰富的知识贮藏，才能产生优秀的发明和独创性的思考，天才就这样产生了。犹太人之所以有灿若群星的天才，也许就是因为犹太人是一个记忆的民族吧。

对于每个人来说，记忆是非常重要的。人的一切活动，从简单的认识和活动，到复杂的学习和劳动，都离不开记忆。没有记忆，人们的思考就失去了前提。没有记忆作为基础，人们的智力活动也将受到限制。

所以，要想孩子有一个良好的记忆力，父母就需要加强对孩子记忆力的培养。我们不妨学习犹太人对孩子的记忆教育：读101遍要比读100遍好。

站在对岸才能独立思考

——希伯来的箴告

犹太人教育智慧要诀

综观犹太人的历史，我们可以看到很多成就显赫的名人、伟人都善于独立思考，他们也因此能从人们司空见惯的现象中发现问题，并大胆地追求，最后有所建树。

为什么诺贝尔奖只有少数人能够获得？其实，答案很简单，当所有人的脑袋想的都是一个方向，所有人都想着常规，最后又怎能制胜？道理大家都明白，可还是有很多人照样进了大众思考的圈子。

犹太人就并非如此，他们懂得独立思考。

大家都知道“希伯来”这个词，在犹太人的语言中，它的原意是“站在对岸”，也就是站在隔一条河的地方，或是与别人不同的地方。每一个人都要去找这么一个地方站着，才能立足于社会。就是在这种理念的引导下，犹太人亮出了独立思考的姿势，这也成了犹太人智慧和财富的制胜招牌。

犹太人倡导独立思考，著名的科学家爱因斯坦就是这方面的典型。在他看来，做科学要敢于蔑视权威，敢于提出自己的创见，具有独立精神和创新精神。

犹太人思维的独立性表现为善于独立地提出问题、分析问题、解决问题，还有不迷信权威，不人云亦云。综观犹太人的历史，我们可以看到很多成就显赫的名人、伟人都善于独立思考，他们也因此能从人们司空见惯的现象中发现问题，并大胆地追求，最后有所建树。

19~20 世纪，德国物理学家普朗克在攻克热力学研究的难题——黑体辐射问题的过程中，遭遇了多次失败。他的老师劝他说："物理学是一门已完成了的科学，因此继续研究是不会有多大成果的。"虽然内心非常敬爱老师，但普朗克还是坚持自己的想法，他也不甘心受"中止"观点的束缚，他认为物理学远没有完成，于是继续研究，终于在 1900 年发表了能用量子概念导出黑体辐射的公式的论文。

不但普朗克具有独立思考的精神和品质，很多犹太科学家都是如此，比如爱因斯坦。

一次，爱因斯坦的老师海因里希·韦贝尔对他说："你是一个十分聪明的小伙子，可是你有一个毛病，就是你什么都不愿让人告诉。"

海因里希·韦贝尔老师说的"毛病"正是爱因斯坦可贵的优点——思维品质的独立性。也正是由于他的这个缺点，成就了后来敢于突破牛顿力学，建立相对论，对世界做出了划时代卓越贡献的爱因斯坦。

独立思考，并不是为了标新立异，也不是为了哗众取宠，独立思考是为了形成独特的思想体系，为了在平凡中发现并解决问题。一个总是附和别人，没有独立思考能力的人注定一生平庸。

我们的教育需要从意识深处彻底地根除那些错误的思想，比如听话的孩子才是好孩子，不能太独立，太独立就不合群，要中庸一点……多听一听希伯来的箴告吧！

第三章　品质教育：犹太人精彩人生的稳压器

谦虚，犹太美德中的NO.1

犹太人教育智慧要诀

我的谦卑就是我的高贵，我的高贵就是我的谦卑。

降低自己的人，上帝会抬高他；抬高自己的人，上帝会降低他。（《塔木德》）

即便是一个贤人，如果他炫耀自己的知识的话，那么他就不如一个以无知为耻的愚者。（《犹太法典》）

谦虚，是犹太人美德中最重要的东西，他们时刻都保持着谦虚谨慎的作风。中国有一句古老的箴言："满招损，谦受益。"意思是说，骄傲招来损失，谦虚受到益处。这句名言不但中国人视为对自己的珍宝，犹太人更是如此。犹太人是世界上最聪明的民族之一，他们知道谦虚是使人不断进步、获得成功的一个重要的内在因素。那么在犹太人的眼里，一个人应该怎样谦虚呢？

首先，他们要做到实事求是地看待自己，清晰地审视自我，不要目中无人。谦虚的人总是既看到自己的优点和长处，又看到自己的缺点和短处；既看到已取得的成绩，又懂得不论成绩有多大，对于伟大的事业来说，只不过起到了一砖一瓦的作用。当人们称颂一些犹太人取得了光辉成就时，他们却认为自己的那点成绩微不足道。谦虚的人总是努力不懈，积极进取，锐意奋进的，在很多犹太人的故事里这一点早就体现出来了。

其次，谦虚就是要对别人有个客观的评价。即要懂得欣赏别人，尊重别人甚至是对手。谦虚的人会随时向别人请教，有事和大家商量。所以，谦虚的人能够主动地取别人之长，补自己之短，不断地从集体和群众中汲取养料，充实自己，为自己的进步和成功创造良好的条件，这一点犹太人比任何其他的民族的人做得都好。

再次，谦虚不是虚伪，更不能妄自菲薄。事实上，过分的谦虚是一种骄傲的表现，也给人一种虚伪的感觉。你要有清醒的认识，但是也不要自卑。自卑的人往往不会取得太大的成功，这也是一个人事业道路上的绊脚石。骄傲固然要不得，自卑却同样不可有。任何人都有他的优势和长处，要对自己有足够的信心。

在犹太人的历史中，那些贤人拉比都是很谦虚的人。对他们来说，无论是年长者还是年轻人，无论是穷人还是富人，他们身上都有自己没有的发光点。这些贤人拉比还认为，如果谁喜欢别人的夸赞，那将是十分可悲的。在他们的眼中，真正的谦虚绝非有意的做作，而是自然的流露。犹太人也一直在行使着谦虚的美德，即使是那些最伟大的人物也不例外。

犹太人爱因斯坦是20世纪世界上最伟大的科学家之一，他在有生之年始终不断地学习、研究，活到老，学到老。有人问爱因斯坦，说："您可谓是物理学界空前绝后的人物了，何必还孜孜不倦地学习呢？为何不舒舒服服地休息呢？"

爱因斯坦并没有立即回答这个问题，而是找来一支笔一张纸，在纸上画上一个大圆和一个小圆，对那位年轻人说："在目前的情况下，在物理学这个领域里可能是我比你懂得略多一些。正如你所知的是这个小圆，我所知的是这个大圆，然而整个物理学知识是无边无际的。对于小圆，它的周长小，即与不知领域的接触面小，它感受到自己未知的东西少；而大圆与外界接触的周长大，所以更感到自己未知的东西多，会更加努力地去探索。"

一次，爱因斯坦9岁的儿子问他："爸爸，你为什么是名人呢？"爱因斯坦听了哈哈大笑，他对儿子说："你看，甲虫在球面上爬行的时候，它并不知道它走的是一条曲线。我呢，正相反，有幸觉察到了这一点。"

爱因斯坦就是这样一个人，名声越大，就越谦虚。正是拥有这种美好的品质，他总是能够站在一个客观的角度看自己，发现自身的不足，不断充实自己，弥补自身不足。

既然谦虚如此重要，那么我们如何使爱炫耀自己、整天飘飘然的孩子拥有谦虚这种品质呢？不妨参考犹太人父母的方法：多给孩子讲一些名人的故事，告诉他们能够成为伟人的人，都具备谦虚的品格；帮孩子正确认识自己，既看到优点，也不忌讳缺点；从来不拿孩子与其他小孩比较，这样就不会使人陷入骄傲或自卑的双重泥潭；不要轻易表扬孩子，这样，他的自傲就失去了滋生的土壤。

最强大的力量来自反省

犹太人教育智慧要诀

犹太人认为，人有独处的必要。在单居独处之时，外界压力完全消失，只剩下内心的良知抵御着蠢蠢欲动的恶念，人在这个时候更能看清自己。

为什么从小喜欢打架的孩子，长大会误入歧途？为什么从小偷针的孩子，长大后会偷金？为什么父母用心良苦，孩子还是知错不改？其根本原因便在他成长的过程中，父母没有教会他反省自己的所作所为，通过这种反省来约束自己的行为。

《塔木德》中说：“在三件事上自我反省，你就不会被罪孽所驾驭，要知道：你从何处来，到何处去，将要站在何人面前算总账。从何处来——来自一滴脓水；到何处去——去一处满是尘埃和虫子的地方；将要站在何人面前算账——站在至高无上的上帝面前，因为人的最终归宿不过是一只虫子而已。”

犹太先哲的“反省”，其实更强调人对自身品质的反省与认识。正是因为犹太人的慎独，他们面对一切时，多了一份从容。他们能够正确地认识自己，对自身有一个正确的评价。对他们来说，事情再糟，也不会感到吃惊；事情进展不顺利，正常；人家不喜欢你，或者不再喜欢你，也正常……这种态度使他们永远不会和自己过不去。

犹太人认为，人有独处的必要。在单居独处之时，外界压力完全消失，只剩下内心的良知抵御着蠢蠢欲动的恶念，人在这个时候更能看清自己。所以，《塔木德》上有一句话："在他人面前害羞的人，和在自己面前害羞的人之间，有很大的差别。"

在拉比的教诲中，"独居都市而不犯罪"和"穷人拾遗不昧""富人暗中施舍十分之一的收入给穷人"同列为"神会夸奖的三件事"，其共同之处，尽在一个"独"字。犹太人不仅注意不断反省自己的品行，他们对于自己的孩子也不会纵容。

奥斯利 10 岁时，常跟着爸爸去钓鱼。

一天，他跟父亲在日暮时去垂钓，他在鱼钩上挂上鱼饵，用卷轴钓鱼竿放钓。不久，渔竿弯折成弧形时，他知道钓着大鱼了。他父亲投以赞赏的目光，看着儿子戏弄那条鱼。

终于，他小心翼翼地把那条筋疲力竭的鱼拖出水面。那是条他从未见过的大鲈鱼！

奥斯利神气十足地将鱼钓上岸。父亲看看手表，是晚上 10 点——离法律规定的钓鲈鱼开始的时间还有两小时。

"孩子，现在立刻放掉这条鱼。"他说。

"为什么？"儿子气愤地嚷道。

"还会有别的鱼的。"父亲说。

"这是我所见到的最大的鲈鱼！"儿子又嚷道。

孩子朝四周望了一眼，既看不到渔船，也看不到钓鱼的人。他告诉父亲："爸爸，没有人看见我们，我们没有必要放回去。"

父亲还是坚持让他把鱼放回水里。他非常不情愿地放了回去。

那是 34 年前的事。今天，奥斯利先生已成为一名卓有成就的建筑师。他父亲依然在湖心小岛的小木屋生活，偶尔惬意地垂钓。

从那件事之后，他再也没钓到过像他几十年前那个晚上钓到的那么棒的大鱼了。可是，这条大鱼一再在他的眼前闪现，每当他遇到道德问题的时候，就看见这条鱼了。

面对孩子的错误，犹太人教育自己的孩子：人必须要反省自己的行为，想一想自己的行为和自己的内心是否符合。一个人在任何场合都要保持良好的道德，即使没有人看到，也不要逾越底线。这是一个人获得社会接纳的重要条件，也是人不断提升自我的重要功课。

心中永存希望之光

犹太人教育智慧要诀

最后的/最最后的/黄得如此斑斓/明亮，耀眼/如果太阳的眼泪会对着白石头歌唱/这样一种黄色就会被轻轻带起/远走高飞/我肯定它飞走了/因为它希望向世界吻别……（犹太小女孩巴维尔·弗雷德曼作）

有一个犹太富翁，在一次大生意中亏光了所有的钱，并且欠下了债。他卖掉房子、汽车，还清债务。

此刻，他孤独一人，无儿无女，穷困潦倒，唯有一只心爱的猎狗和一本书与他相依为命，相依相随。在一个大雪纷飞的夜晚，他来到一座荒僻的村庄，找到一个避风的茅棚。他看到里面有一盏油灯，于是用身上仅存的一根火柴点燃了油灯，拿出书来准备读书。但是一阵风忽然把灯吹熄了，四周立刻漆黑一片。这位孤独的老人陷入了黑暗之中，只有立在身边的猎狗给了他一丝慰籍，他无奈地叹了一口气沉沉睡去。

第二天醒来，他忽然发现心爱的猎狗也被人杀死在门外。抚摸着这只相依为命的猎狗，他突然决定要结束自己的生命，世间再没有什么值得留恋的了。于是，他最后扫视了一眼周围的一切。这时，他突然发现整个村庄都沉寂在一片可怕的寂静之中。他不由地急步向前，啊，太可怕了，尸体，到处是尸体，一片狼藉。显然，这个村昨夜遭到了匪徒的洗劫，整个村庄一个活口也没留下来。

看到这可怕的场面，老人不由地心念急转，啊！我是这里唯一幸存的人，我一定要坚强地活下去。此时，一轮红日冉冉升起，照得四周一片光亮，老人欣慰地想，我是这个世界里唯一的幸存者，我没有理由不珍惜自己。虽然我失去了心爱的猎狗，但是，我得到了生命，这才是人生最宝贵的。

犹太人历经苦难，他们深知面对苦难时，内心充满希望是多么重要。因此他们总是乐观地看待生活，哪怕前面是绝路，他们也无所畏惧。他们总在想，如何才能使事情变得更好，如何才能使希望变成现实。犹太父母经常告诉孩子：生命的天平，常在希望和绝望之间摆动不定。只要你不断增加希望的分量，才能使这个天平倾向于你理想的生活。即使二战时期惨遭迫害，犹太人依然没有动摇心中的希望。

二战时期在纳粹集中营里有一个叫玛莎的犹太小女孩，写过一首诗：

这些天我一定要节省，虽然我没有钱可节省 / 我一定要节省健康和力量，足够支持我很长时间 / 我一定要节省我的神经，我的思想，我的心灵和我精神的火 / 我一定要节省流下的泪水 / 我需要它们很长很长的时间 / 我一定要节省忍耐，在这些风暴肆虐的日子 / 在我的生命里我有那么多需要的 / 情感的温暖和一颗善良的心 / 这些东西我都缺少 / 这些我一定要节省 / 这一切，上帝的礼物，我期望保存 / 我将多么悲伤 / 倘若我很快就失去了它们。

在那样恶劣的条件下，玛莎仍然热爱着生命。她不怨天尤人，她仍然在内心聚敛一点点的希望之光。她不畏惧厄运，她只是用自己稚嫩的文字给自己弱小的灵魂取暖。

海明威说："人可以被撕碎但不可以被打倒。"因为只要你心中有光，任何外来的不利因素都扑不灭你对人生的追求和对未来的向往。很多时候击败我们的不是别人而是对自己失去信心。

履行契约，兑现最初的承诺

犹太人教育智慧要诀

犹太人父母注重孩子的诚信教育。他们认为诺言是与上帝之间的契约，人必须践行到底。他们总是告诉孩子，不要轻易允诺，如果承诺了，就必须要做到。

人无信不立，从小说话不算数，不信守承诺的孩子，如果他在成长的过程中，没有意识到诚信的重要性，那么长大怎会诚实守信呢？做商人，容易成为奸商；做学者，可能抵不住假学术的诱惑，做官，最终会陷入金钱的漩涡，做个职员，可能会行贿受贿……要想有一个好未来，必须从信守承诺开始！

一个星期日的早晨，妈妈对小远说："今天和妈妈一起出去玩吧，咱们去海底世界！"小远听到这个消息，高兴得手舞足蹈。

他本来答应帮班里的小明补课，现在早忘到九霄云外去了。虽然没有兑现承诺，但他没有丝毫愧疚。

而和他在一个学校的中国籍的犹太小孩凯伦，一般不轻易答应别人事情，但一旦允诺，无论怎么难，都要践行诺言。

这个星期日，他答应给青青捎带一只好看的"小企鹅杯子"，本来家门口的商店就有货，可是很意外，这次断货了。凯伦并没有放弃，他从早晨开始，走遍大半个东城区，午后，终于在一个小店里发现了他承诺别人的东西。

犹太人与各国商人做交易时，对对方的履约有着最大的信心，而对自己的履约也有最严的要求，哪怕在别的地方有不守合约的习惯。犹太商人的这一素质可谓对整个商业世界影响深远，真正是"无论怎样评价也不过分"。

在犹太人的商旅生涯中，他们遭到过无端的打击和歧视，也遇到过无数精心安排的谎言和圈套，但他们始终笃信上帝的教诲：

遵守约定，诚实为人，死后方能升上天堂。

在具体的商业贸易领域中，《塔木德》则规定了许多规则，也严格禁止带有欺骗性的宣传或推销手段。比如：不能把家畜涂上颜色来蒙骗顾客；货主有向顾客全面客观地介绍所卖商品的质量的义务，如果顾客发现商品有质量问题，是有权要求退货的；在定价方面，如果卖主欺骗买主不知行情，使商定价格高出一般水平 10% 以上，则规定此交易无效。

对于这些规定，在我们现在看来可能是再平常不过的了。但是，《塔木德》形成于世界大多数民族还处在农耕社会的时期，它能预见将来社会以商业和贸易为主，并阐述这些诚信经商的道理，可以说是极富先见之明的。

犹太人十分重视信用和承诺的意义，相互间做生意时经常连合同也不需要，口头的允诺已有足够的约束力，因为他们认为有“神听得见”。在现实生活中，犹太人往往瞧不起那些不遵守诺言、违约的人。

犹太父母注重孩子的诚信教育。他们认为诺言是与上帝之间的契约，人必须践行到底。他们总是告诉孩子，不要轻易允诺，如果承诺了，就必须要做到。

在最初教育孩子信守诺言的时候，犹太父母会制定一些简单的规则，让孩子体会到信守承诺是一件非常令人愉悦的事情。他们还以身作则，让孩子效法家长的行为。犹太父母还施行一些奖罚措施来帮助孩子学会承担责任，比如，对那些没有说到做到的孩子进行一定程度的惩罚，对于那些守信的孩子则进行奖励。

爱“邻人”，就像爱自己那样

犹太人教育智慧要诀

帮助别人，别人也会帮助你，正如爱邻人，邻人也会爱你一样。

爱自己容易做到，可是就像爱自己那样爱你的邻人，就有些难度了。父母对孩子的美德教育往往到此戛然而止。但是，如果想让别人爱你的孩子，务必从现在起让孩子明白：只有爱“邻人”“邻人”才会爱你。

在犹太人眼中，“邻人”从更广泛的意义上是指所有的人。犹太父母向自己的孩子一遍又一遍强调：帮助别人，别人也会帮助你，正如爱邻人，邻人也会爱你一样。

一个犹太女孩，她与人为善、热忱助人的品格在熟悉的人中有口皆碑。她把左邻右舍上门等候的亲友让到自己家端茶递烟，为外地人指路领路等全看成分内之事。

在她的养父住院期间，这个女孩奔波于医院和学校之间。喂水喂饭喂药，清理排泄物，按摩老人肢体，样样细致周全。值得称道的是她对他人难能可贵的帮助。一天，和养父同住一个病房的一名老年患者，因为孩子们都不在身边，他下不了床，结果脏物被排泄到床边和地上。打水回到病房的女孩看到这老人的无助和尴尬时，她没有犹豫，赶快动手收拾“残局”。老人被她感动得两眼热泪盈眶。

犹太女孩工作后，她依然与人友善、热情待人。有一年，一位同事休产假，女孩便利用星期天甚至下班后的时间到这位同事家忙前忙后，帮忙照顾孩子，同事被深深感动。后来公司里所有的同事都一致认为她是一个难得的好姑娘。

二战时，集中营中的犹太女孩安妮·弗兰克在日记中写过这样一段话：“不管怎么说，我仍然相信人类的内心是善良的。”她看到众多的同胞被无情地杀戮，但在她的内心深处，依然坚信大多数人都是善良的，因此便值得去爱。这可以说与她从小受到的教育息息相关。

善待他人就是善待自己，爱别人，别人也会去爱你。但这种爱却必须是发自内心的，不带任何利己成分。如果关爱别人，目的是希望从别人那里捞取更多的好处，那么这种关爱是丝毫没有意义的。“爱别人是无条件的”，不仅犹太父母在给孩子灌输这种品质，而且我们每个父母都应该培养孩子“爱邻人”这种博爱的情怀。

第四章　追本溯源：教育让犹太人成为世界宠儿

是谁拯救了爱因斯坦

——“纵容”与众不同

犹太人教育智慧要诀

对孩子与众不同的地方，要适度地“纵容”，加以扶持，让它得到充分的发展，不可刻意要求孩子符合常规。

要想把“低能儿”和诺贝尔奖之间扯上关系，那就要看家庭教育，很难想象，爱因斯坦若不是出生在那样的家庭，等待他的将是怎样的命运。不得不说，他的成功只是因为父母对他的那份与众不同的“纵容”。

爱因斯坦一出生，他的与众不同就把妈妈吓了一跳：他的后脑大得不同一般，而且头骨呈棱角形。连祖母见了都忍不住嘀咕：“太重了！太重了！”她不是说孙子的体重，而是孙子大而怪的头形让她不安，一个弱小的身躯，如何支撑得住这个硕大的脑袋？

这个大脑袋在爱因斯坦小时候似乎并没有给他带来什么不同凡响的智慧，反倒是因为他 4 岁了还学不会说话，因而被人们怀疑是“低能儿”。

爱因斯坦小时候常常爱提出一些怪问题，比如：指南针为什么总是指向南方？什么是时间？什么是空间？这让别人都觉得他是个傻子。

孩子总是活泼爱动的，可爱因斯坦就爱安静，他尤其喜欢钻研和思考。在他5岁那年，有一次，父亲给他一个小罗盘，他就捧着罗盘仔细观察，只见罗盘中间那根针在轻轻地抖动，指着北边。他把盘子转过去，那根针并不听他的话，照旧指向北边。爱因斯坦又把罗盘捧在胸前，扭转身子，再猛扭过去，可那根针又回来了，还是指向北边。不管他怎样转动身子，那根细细的红色磁针就是顽强地指着北边。这引起了爱因斯坦极大的兴趣：是什么东西使它总是指向北边呢？这根针的四周什么也没有，是什么力量推着它指向北边呢？而在别人看来，他的行为就像一个傻孩子！

几年以后，爱因斯坦又迷上了数学和科学。他经常缠着父亲和叔父问这样的问题："黑暗是如何产生的？""太阳光的组成成分是什么？"

沉迷于数学世界，让爱因斯坦对其他学科无法产生兴趣，成绩自然很差，这引起了很多老师的不满。一次，小爱因斯坦的父亲问学校里的教导主任，自己的儿子将来可以从事什么职业，这位老师竟直言说道："做什么都没有关系，你的儿子将是一事无成。"这位老师对小爱因斯坦的成见非常深，认为他是一块朽木，再无雕刻的价值，竟勒令他退学。

"排异心理"作祟，与众不同仿佛也"行不通"！爱因斯坦挣扎于别人的讽刺和鄙视中。他变得不愿意去学校，他甚至害怕见到老师和同学。少年爱因斯坦并不知道他的这份与众不同竟给他带来如此多的烦恼。

庆幸的是，爱因斯坦遇到了一对能够"纵容"他的父母。

爱因斯坦的父亲是一位电机工程师，母亲贤惠能干，文化修养极高。当面对着宝贝儿子的这份与众不同时，他们并没有感到绝望或是恼怒，相反，经过仔细观察，他们发现爱因斯坦具有聪明才智，因此，他们不但欣赏儿子，甚至鼓励"纵容"他继续发展。父亲对他说："我并不觉得你很笨，别人会做的，虽然你做得很一般，但这并不代表你比他们差多少，但是你会做的事情，他们却未必会做。你之所以没有他们表现得好，是因为你的思维和他们不一样，我相信你一定会在某一方面比任何人都做得好。"而母亲更是对儿子呵护有加，在儿子被老师批评或被其他同学歧视时，她便开导他，给他安慰，为他鼓劲。

拿到了父母颁发的通行证，爱因斯坦如鱼得水。26岁时，爱因斯坦终于发表了著名论文《论动体的电动力学》，建立了狭义相对论。接着，他又花了11年的时间，继续刻苦努力，于1916年发表了《广义相对论原理》，进一步建立了广义相对论。后来，他又发现了光电效应。1921年，他获得了诺贝尔物理学奖……

没有人希望自己的孩子戴上“低能儿”“痴呆”的帽子，没有人愿意自己的孩子因为与众不同就被这个社会排斥，继而引发孩子心理上的障碍，然而只有爱因斯坦的父母做到了“纵容”与众不同，也由此拯救了爱因斯坦，让他能够独立发展。

比尔·盖茨为何成为神话

——做“脑力体操”

犹太人教育智慧要诀

很多人羡慕比尔·盖茨，也希望把自己的孩子培养成比尔·盖茨，那么，分析他的成功，除了天赋之外，你是否像比尔·盖茨的父母一样，给孩子必不可少的脑力训练？做好准备，成功没有不可能！

他的名字俨然已经成了一种标志，提到他，就让人条件反射地联想到“天才”“富翁”。从他轻轻巧巧摘得多个“世界之最”就可以看出：有史以来最年轻的世界第一富翁，人类历史上第一个靠电脑软件积累亿万财富的先行者，首先开发利用高科技和高智商……为什么比尔·盖茨那么牛？谜底很简单：做“脑力体操”！

美丽的西雅图，嘹亮的哭声搅碎了夜的美梦，谁也不曾想到，随着这哭声，这个世界也开始悄悄地酝酿、变化……这个哭声的作者就是比尔·盖茨。

比尔的父亲是一位律师，母亲是一位教师，在西雅图，两人都非常受人敬重。他们很关注比尔的成长和教育，工作之余总是尽可能地与孩子待在一起。他们发现，宝贝儿子简直就是精力旺盛，当他还是婴儿的时候，睡在摇篮里也能自己不停地摇摆。而且，他们还发现比尔极爱思考，一旦他迷上什么事情，就全身心地投入。他们隐约感觉到比尔的天赋，于是，他们总是有意无意地为比尔创造环境与机会，不断地给他做脑力训练。

这一家人不断进行各种游戏，从棋类到拼图比赛，几乎玩遍了所有的益智游戏。其中，外婆那独特丰富的教育方式对比尔的思维发展有着极其重要的影响。

在外婆看来，游戏并非消遣，而是技能和智力的测验。于是，她和比尔的父母一起领着比尔进入游戏世界。外婆特喜欢这个聪明的小比尔，她经常教比尔下跳棋、玩筹码，还有打桥牌等。玩游戏时，外婆总爱对小比尔说："使劲想！使劲想！"每当比尔下了一步好棋或者打了一张好牌，外婆总会为他拍手叫好。不光如此，祖孙俩一起在公园里散步时，外婆也常不失时机地跟比尔交流下棋的技术或看某篇佳作后，让比尔寻找更新的想法或表达更独到精辟的见解。所有这些都极大地激发了比尔思考的潜能。

因此，他们看到的比尔经常是一副思考的状态。有时家人一起外出，别人都已经准备妥当了，只有他未做好准备。家长喊他，问他在干什么的时候，比尔总是说："我正在思考，我正在考虑。"有时他还常责问家人："难道你们从不思考吗？"

比尔渐渐地长大了，父母把目光投向社会，积极为比尔寻找属于他的空间。六年级的时候，在父母的帮助下，比尔参加了西雅图的当代俱乐部。在这个俱乐部里，许多聪明的孩子聚集在一起讨论时事、书籍和其他主题，这里已具有一种大学的气氛了。参加活动时，比尔常以积极而独到的见解博得大家的阵阵掌声。

在家人的引导下，比尔还是一个名副其实的书虫。他总是废寝忘食地读书，而这样的阅读锻炼了比尔非凡的记忆能力，培养了他敏捷而有深度的思维能力。早在9岁的时候，比尔就已经读完了《百科全书》全卷；在他11岁的时候，他就因背诵《马太福音》中冗长而晦涩的《登山宝训》的全部段落而获奖。在比赛中，比尔技压群英、一语惊人，他以独到而透彻的理解使年长的牧师惊讶不已。而这对比尔来说，只是很普通的一件小事而已。

西雅图的私立中学——湖滨中学是比尔的父母送给比尔的一个特别的礼物，也就是在这里，父母向他介绍了与他终身相伴的好朋友——计算机，他的天分也由此得到了淋漓尽致的发挥……

聪明的大脑犹如一块肥沃的土地，但再肥沃的土地，如果不懂得开垦，也终将与一般土地无异。很多人羡慕比尔·盖茨，也希望把自己的孩子培养成比尔·盖茨，那么，分析他的成功，除了天赋之外，你是否像比尔·盖茨的父母一样，给孩子必不可少的脑力训练？做好准备，成功没有不可能！

不可思议的“股神”巴菲特

——自信才能所向披靡

犹太人教育智慧要诀

巴菲特在股市里气定神闲，他的怪招和独特的投资理念引来世界喧哗，继而又是叹服。对所有的一切，他只是说：“我始终知道我会富有，对此我不曾有过一丝一毫的怀疑。”

巴菲特的成功与众不同，和石油大王洛克菲勒、钢铁大王卡内基及软件大王比尔·盖茨相比，只有巴菲特，以一个纯粹的投资商身份成了全球一个响当当的人物。当其他人抱着产品或发明数钱时，巴菲特却在股市里气定神闲，他的怪招和独特的投资理念引来世界喧哗，继而又是叹服。对所有的一切，他只是说：“我始终知道我会富有，对此我不曾有过一丝一毫的怀疑。”

巴菲特很自信！

还在童年时，巴菲特就曾平静地对他的好朋友们说他将在35岁以前发财。发财梦谁都会做，但如此狂妄的话出自一个孩子之口，还是一副平静的样子，这就真的让人有些难以想象了！更难以想象的是这个孩子日后真的如他所说，发财了，还发了大财！他稳稳地坐上了股市的第一把交椅，甚至还曾超过他的好朋友比尔·盖茨，成为世界首富。

想知道原因吗？我们还是从家庭教育中寻找答案吧！

1930 年 8 月 30 日这一天，巴菲特迫不及待地来到了这个世界——他早产了 5 周。他的父亲是证券交易员，既严肃又和蔼，母亲性情活泼。从出生起，父母就对这个唯一的儿子宠爱有加，但他们从不溺爱。他们甚至鼓励巴菲特自己出去赚钱。

在巴菲特的成长过程中，父亲对他的影响尤其重要，他对儿子一直充满信心，同时对儿子所做的任何事情都给予支持。巴菲特 5 岁时就开始兜售口香糖，而且倒卖从球场捡来的高尔夫球。到了中学，巴菲特又利用课余做报童，此外，他还与伙伴合伙将弹子球游戏机出租给理发店老板，挣取外快。对于所有的这一切，巴菲特的父亲都给予了大力的支持。

父亲的信任和支持成了巴菲特成长中最强大的力量。

受家庭环境的熏染，巴菲特从小就具有极强的投资意识，他钟情于股票和数字的程度连他父亲也感到惊讶。这一切，都让巴菲特愈加自信！

差不多 21 岁时，巴菲特对自己的投资能力已经到了超级自信的程度。他甚至开始质疑他的父亲和老师格雷厄姆的意见，要知道，这两位可以说有着绝对的权威。虽然向父亲和老师咨询，但他仍然坚持自己的投资。

1956 年巴菲特回到家乡，一向对自己深信不疑的他决心自己一试身手。

他发誓要在 30 岁以前成为百万富翁。“如果实现不了这个目标，我就从奥马哈最高的建筑物上跳下去。”一次，在父亲的一个朋友家里，他语惊四座。

不久，一群亲朋凑了 10.5 万美元启动资金，其中有他的 100 美元，就这样，巴菲特成立了自己的公司——“巴菲特有限公司”。

不曾想，巴菲特的豪言壮语竟成了真。1962 年，巴菲特合伙人公司的资本达到了 720 万美元，其中有 100 万是属于巴菲特个人的。

尝到了甜头的巴菲特乘胜追击，他成立了“巴菲特合伙人有限公司”，很快地，他的资产一路飙升。到了2008年3月，由于所持股票大涨，巴菲特身家猛增100亿美元达到620亿美元，问鼎全球首富。

就像他那句话说的那样，“我始终知道我会富有”，巴菲特用事实证明了这一切。不得不说，他的成功也为望子成龙的父母们上了一课：给他自信，他就能所向披靡！

首个亿万巨富洛克菲勒

——神奇的“镜面效应”

犹太人教育智慧要诀

极强的商业意识和经营头脑让洛克菲勒成为世界上第一个亿万巨富，而这一切无不得益于父亲从始至终对他的灌输和影响。

很多人一边抽着烟、喝着酒，一边却告诉孩子抽烟喝酒不好；很多人一边打麻将、钓鱼，一边让孩子好好读书；很多人批评老师，批评学校，却让孩子见了老师问声好……什么花结什么果，什么行为、什么教育将造就什么样的孩子。所以，不要总希望孩子成为什么样，只有你先作为榜样，你的孩子才能成为镜中的另一个你！洛克菲勒的故事就告诉了我们这个道理。

1839年7月8日，约翰·D.洛克菲勒诞生于纽约州。父亲商业意识极浓，耳濡目染的，洛克菲勒就成了父亲的翻版。

7岁那年，有一次小约翰独自去树林里玩耍，玩得高兴的时候，他忽然在林木深处发现了一个火鸡窝。他灵机一动，心里有了个奇妙的想法。此后，每天一大早，他就跑到树林子里，悄悄藏在火鸡窝附近，等火鸡暂时离开窝时，他就奔上前去，抱着一只小火鸡就跑。他把抱回家的小火鸡养在自己的房间里，细心喂养。

一次又一次地，就这样，他抱回了好几只小火鸡。到了感恩节，他就把喂养大了的火鸡卖给邻近村子里的农民。他的做法让父亲喜上眉梢，父亲表扬了他一番。

11 岁那年，约翰开始帮助家里干活，有时去田里，有时挤牛奶。约翰为自己准备了一个小本子，把他的劳动成果一一计算下来，等父亲回来之后再向他结账。父亲每次给他的钱，他也都积攒起来。有一次父亲问他："小约翰，你大概存了不少钱了吧？"望着这个满脑子生意经的儿子，父亲像看到了另外一个自己，他喜不自禁。

"我贷了 50 美元给附近的农民。"小约翰满脸骄傲地说。

"噢，你攒了 50 美元啊！"父亲惊讶了。

"利息 7.5%，到明年就能拿到 3 美元 75 美分的利息。另外，我在马铃薯田里帮你的工，每小时 37 美分，明天我把小本子拿给你看，其实像这样出卖劳力是很不划算的。"小约翰毫不理会父亲的惊讶，滔滔不绝地说着，一副精明商人的神气。这一年，约翰才 12 岁。

父亲每次总是不厌其烦地向儿子灌输商业意识："人生只有靠自己，做生意要趁早。"深受父亲影响的小约翰，12 岁就辍学了，投身于多姿多彩的工商业世界。

小约翰奔波了几周，终于找到一家叫休戚的公司。他的工作是会计助理，薪水是每周 3 元 50 美分。在这家公司做了 3 年，他的商业才华逐渐显露，用别人的话说，就是："那家伙实在是个天才商人！"

3 年后，约翰离开了这家公司，他有着更加宏伟的目标。他迅速与克拉克合伙创办克拉克－洛克菲勒公司。1865 年，洛克菲勒又买下这家公司自己经营，同时，他还把目光转到了石油行业，于 1970 年挂出了新公司招牌——美孚石油公司，在当时这可是最大的石油公司。洛克菲勒大举进军石油市场。在控制了美国石油业以后，洛克菲勒又把触角伸向全球。19 世纪末，在世界各地，都可以看到美孚公司生产的产品，甚至在最落后的国家的穷乡僻壤里也能找到"美孚"的踪影。美孚石油一下子把洛克菲勒推上了当时美国首富的宝座，可以说美孚石油公司繁荣过的时间表就是美国经济称霸全球的时间表。

极强的商业意识和经营头脑让洛克菲勒成为世界上第一个亿万巨富，而这一切无不得益于父亲从始至终对他的灌输和影响。正是因为父亲就是一个商业意识极强的人，才有了影响洛克菲勒的可能；正因为父亲自始至终的鼓励和引导，才有了洛克菲勒的成功。这里并不是要求每一个父母也像洛克菲勒的父亲一样，让孩子辍学，及早进入商界，真正值得我们借鉴的是这样一种“耳濡目染”的作用。如果想让我们的孩子变得优秀，变得爱学习，那我们首先就应该给孩子做个榜样。

为何马克思能成为伟大的导师

——给他放手的爱

犹太人教育智慧要诀

只有放手的爱才是真的尊重，真的爱；只有放手的爱，才能给孩子最大的自由空间，让他致力于自己喜爱的领域，并秀出精彩！

放手，让他自己选择。话虽简单，却很难做到。家长的内心总是会不由自主地为孩子设计一条光明大道，而且更容易认为只有这样的一条道路才是最完美的道路，无形中，自然束缚了孩子。家长不知道，没有放手的爱，孩子怎么能在强迫之下秀出精彩？倘若马克思的父母不放手，又怎么会让世界知道他们这个如此崇高而又伟大的儿子呢？

卡尔·马克思的父亲亨利希·马克思是律师，在当地德高望重，同时还是一个崇拜卢梭等启蒙思想家的稳健的自由主义者。马克思的母亲出生在一个荷兰家庭，她对丈夫和孩子始终怀着温柔的爱。马克思从小就聪明过人，作为9个孩子中的第三个，父亲曾一直希望他将来能够继承自己的职业。

爱孩子，是每一位父母的天性，作为父亲，亨利希像很多父母一样，特别关心儿子的前途，父亲希望儿子仿效他做一名法学家。所以，卡尔中学毕业后，父亲就安排他考入波恩大学的法律系。让亨利希失望的是，那里的学习氛围不太浓厚，于是，第二年他又把卡尔转到了柏林大学。

但亨利希不知道儿子的理想并不是如他所愿成为一名法学家，而且，不管是在波恩大学，还是在柏林大学，卡尔都没有按照父亲的意愿一门心思攻读法律，而是倾心于诗歌的写作和哲学的研究。该怎么说服父亲，并取得父亲的理解和支持呢？经过慎重的考虑，马克思写了一封信给父亲，婉转地向父亲表明了自己的想法和选择：

“我懂得，写诗只应当成为一种附带的事情，我应该研究法律，但我想首先在哲学上试试自己的力量。”

聪明的父亲自然明白了儿子的意思，儿子想学习哲学。

为了说服父亲，卡尔要求提前回去探亲，但遭到了父亲的严厉拒绝。可以想象，当这个心爱的儿子突然提出转学哲学时，父亲的心里该掀起怎样的狂澜！

最后，亨利希考虑再三，只允许卡尔提前10天回家探亲。

回到父亲的身边，马克思细细地讲述了自己的学习情况和研究方向。他告诉父亲：“我在哲学家雷马路斯身上花费了很多的时间和精力。我在阅读他的《论动物的艺术本能》一书时，感受到极大的喜悦。这几年，我又研究了亚里士多德、康德、培根、费尔巴哈等人的著作，写了许多摘要，同时，也记下了自己的读后感。可以说，我已经一头扎进了哲学的怀抱之中，深深地被哲学迷住了。”

亨利希侧头仔细地倾听着，追问一句：“我想问你，你为什么要学哲学呢？请你告诉我。”

马克思不假思索地回答道：“爸爸，哲学是广阔的海洋，它可以供人们有较大的回旋余地。更重要的是，通过哲学的研究，我想研究人生，研究社会，研究世界的昨天和明天。这对一个科学研究者来说，该是最有意义的吧！爸爸，您应该支持和尊重我的选择。”

亨利希的脸上不知不觉地流露出了笑意，他十分惊喜儿子的想法和见地，他决定不再坚持要儿子当一个法学家了。他高兴地对儿子说："孩子，那么就照你选择的路走下去吧！不过，我还是要提醒你，要清醒而实际地看待生活，要有真才实学，充分发挥自己由大自然母亲慷慨赐予的才能。"

有了父亲的支持，马克思开始一头钻进哲学世界。谁也不曾想到，当初这样的一个决定竟对马克思的一生产生了极为重要的影响：1867年，马克思发表了他的不朽名著《资本论》。他在这部巨著中阐明了自己经济理论的主要基石——剩余价值理论，论述了资本主义社会经济运动规律，揭示了资本主义社会的内部矛盾，论证了资本主义的必然灭亡和共产主义的必然胜利，从而把共产主义学说置于牢固的科学基础上。

马克思是人类历史上最伟大的革命家、科学家，全世界无产阶级和被剥削、被压迫群众的伟大导师，科学社会主义的奠基人。由于他的理论贡献，整个世界为之改观。

只有放手的爱才是真的尊重，真的爱；只有放手的爱，才能给孩子最大的自由空间，让他致力于自己喜爱的领域，并秀出精彩！事实上，又怎么仅仅是马克思的父母才懂得这样的道理呢？比尔·盖茨从哈佛退学，谢军选择下棋，都是父母放手，让他们自己选择的结果。

所以，作为父母，不要束缚你的孩子，不要控制他的选择，放手的爱才是真正的爱！

"精神分析学之父"弗洛伊德

——激发荣誉感

犹太人教育智慧要诀

我经常地感受到自己已经继承了我们的先辈为保卫他们的神殿所具备的那种蔑视一切的全部激情，因而，我可以为历史上的

那个伟大时刻而心甘情愿地献出我的一生。（弗洛伊德）

不要以为孩子小，什么都不懂，如果你跟他说民族的屈辱历史和卓越成就，如果你跟他说他有得诺贝尔奖的潜质，是拿奥斯卡奖的料子，如果你愿意声情并茂地告诉他，那么，这些微妙的感觉就会聚集成一种强烈的荣誉感，而这种强烈的荣誉感也会让你小瞧不得，因为，它将产生巨大的能量……听，弗洛伊德在说……

西格蒙德·弗洛伊德（1856~1939 年），奥地利精神科、神经科医生、心理学家，精神分析学派的创始人。他的声誉之隆、影响之大，在心理学界极为罕见。作为一个治疗精神疾病的医生，他创立了一个涉及人类心理结构和功能的学说。他的观点不仅在精神病学，在艺术创造、教育及政治活动等方面也得到了广泛的运用。弗洛伊德卓绝的学说、治疗技术以及对人类心理隐藏的那一部分的深刻理解，开创了一个全新的心理学研究领域。可以说，由他所创立的学说，从根本上改变了对人类本性的看法。

听完这些，钦佩震撼之余，我们是不是应该思考一下他成功背后的秘诀呢？事实证明，他的成功离不开父亲对他的教育，尤其是对他荣誉感的激发！

1856 年 5 月 6 日，弗洛伊德出生于一个犹太商人之家，父母都是虔诚的犹太教徒。自小，父亲就要求他严格地遵守犹太教法规。弗洛伊德的父亲虽然没念过大学，但他曾用大量时间研究过犹太教法典《塔木德》，并要求弗洛伊德忠实于本民族的宗教教规。

不但如此，弗洛伊德的父亲还经常给儿子讲述民族的历史。还在 6 岁时，父亲就箴告他：1000 多年以来，我们犹太人一直处于被驱赶、压迫、剥削、耻辱和大屠杀的悲惨境遇下，但犹太人为什么还能长期生存下来？犹太人为什么操纵着社区的、国家的，甚至全世界的银行、货币供应、经济和商业？因为，犹太人百倍地勤勉、拼搏、明智和节制。

父亲的讲述让小小的弗洛伊德既愤怒又震惊，同时也由衷地为自己的民族感到自豪。这种卧薪尝胆、发愤图强的犹太人式家教，激发起弗洛伊德的荣誉感：“我是一个犹太人，我永远不能理解为什么我得为我的祖先而感到羞耻，或如一般人所说的那样为自己的民族感到羞耻？于是，我义无反顾地采取了昂然不接受的态度，并始终都不为此后悔……”他曾经说：“我经常地感受到自己已经继承了我们的先辈为保卫他们的神殿所具备的那种蔑视一切的全部激情，因而，我可以为历史上的那个伟大时刻而心甘情愿地献出我的一生。”

在父母的支持和帮助下，弗洛伊德果然不负众望。17 岁时，他就考入了维也纳大学医学院，并于 1881 年获医学博士学位。后来他开业行医，担任临床神经专科医生，并终生从事精神病的临床治疗工作。弗洛伊德创立了精神分析学说，认为精神病起源于心理内部动机的冲突。他抛弃了古老的催眠术，代之以自由联想，也就是让患者想起什么就说什么，由此发现隐藏的病因。在分析许多病例后他确信，性的问题对神经症的发生起着重要作用。他还发现梦在精神分析中的重要性，认为“梦中概括了神经症的心理学”。1900 年，他的著作《梦的解析》引起了广大读者的兴趣。随后，荷兰精神病学家和神经学家协会以及英国心理学会都邀请他成为名誉会员。在 1919~1939 年间，他的名誉达到了最高峰。

不要小瞧了“荣誉感”，虽然看不见、摸不着，它却能充分调动一个人的积极性、主动性，让人不断进取、不断进步！弗洛伊德的成功也是来自于荣誉感的力量。在家庭教育中，我们不妨对这方面多一些关注，在孩子心里种下一份荣誉感，就多一份成功的可能。